第二章

佛寺道观

　　佛寺、道观是佛教和道教进行宗教活动的建筑。在中国封建社会，这两种宗教都有着相当长的发展历史，很自然地，也留下了大量的佛寺、道观建筑。其中有些历史相当悠久，具有很高的文化和观赏价值。佛道两教尽管教义不同，所崇拜的偶像也不同，但在建筑上表现出来的风貌却很相像，这也是我国宗教建筑领域中的一个奇特现象。道教是我国土生土长的宗教，虽然它正式出现的时间是东汉后期，但是早在先秦就有了萌芽，如秦始皇派人去东海求长生不老之药，在苑囿的水池中建三山模仿东海仙境等。道家经典还将春秋时著名道家学派的代表人物老子作为道教的创始人，所以道教建筑沿用中国传统的建筑形式也不足为怪了。

　　但佛教的情况就大不一样。佛教起源于印度，东汉初年经西域传入中土。按例，随着教义经文的传入，也应该带来宗教建筑的模式。但是，不管从古籍记载还是看实际建筑，我国所见佛寺无论规模大小，几乎都采用了传统的木结构系统和群体组合方式，体现出中国建筑的风情和神采。对这样一种文化奇迹，中外的艺术史家都做了研究，至今还没有找到一种被广泛认可的答案。有人将它归结为中华文化巨大的排外力量。如美国斯坦福大学东方艺术系教授苏利文认为："任何外来的观念、形式或技术，都一定要应付中国艺术传统可怕的力量和统一性。"

还有人认为，这是中华民族具有深厚理性力量的缘故。中国的佛教信徒极少有迷狂者，他们以世俗的眼光来看待佛教，认为寺院是佛"住"的，所以它的格局也要像"家"一样，有前堂后院、花园亭台。于是中国的佛寺就是一所将生人换成佛像的邸宅。在南北朝时北方的北魏和南方的萧梁时期，民间舍宅为寺、皇帝舍宫为寺的记载非常多，这些住宅和宫殿的形式自然对寺院有很大的影响。

在古代留下的宗教建筑中，佛寺数量要明显多于道观，究其原因，还要从最早的佛寺谈起。

劫后余生的古刹

除了祭祀天地及祖先的坛庙类礼制建筑，洛阳的白马寺称得上是我国历史上第一座正规的宗教建筑。《魏书·释老志》上说，汉明帝曾派郎中蔡愔（yīn）等人出使天竺（印度），"写浮屠遗范"，后来蔡愔等人便同天竺僧人竺法兰、迦叶摩腾一起东还洛阳。因为由白马驮经归返，就在洛阳雍西门建了白马寺。当时的白马寺是"犹依天竺旧状重构之"，当然这里的"重构"并不是直接按天竺的搬抄一座过来，而是用中国传统的祭祀方式消化过的一种新形式。但是它的原始形式到底是何种样貌，因年代久远，实在无从查考。有的说"重构"就是下面重叠的方形楼阁；有的说《后汉书》曾记述，汉代宫中也"立黄老、浮屠之祠"，所以佛寺（浮屠祠）的形式当和一般祭祀建筑的"祠"很相像。不管怎么说，那时的白马寺和今天我们看到的寺肯定很不相同，它受印度佛教建筑的影响很大。

据记载，初期的佛寺没有大殿，主要建筑是从印度借用过来的塔，内藏高僧舍利子。为了表示敬重，塔位于寺的中央，四周围以僧房，供学经、生活之用。后来出现了供奉汉化佛像的大殿，大殿形式要比一般民居高大壮观，可能有点类似当时官府建筑。但殿仍然从属于塔，在中轴线上的排布位于塔之后。历史上很出名的建于北魏洛阳的永宁寺就是这

永宁寺塔复原图

一时期佛寺布局的典型：寺前建门，门内建塔，塔后建佛寺。从南北朝到唐代，供奉佛像的大殿才逐渐成为寺院的中心建筑，塔被挪到了侧院或者干脆不造塔了。佛教建筑完全地中国化了。

由于封建统治者的提倡和支持，在我国历史上曾经有过寺庙建筑非常辉煌的年代。据记载，北魏时仅洛阳一地，便有寺一千三百多所，南朝的建康（今南京）也有寺五百余所，"南朝四百八十寺，多少楼台烟雨中"就是当时寺院风貌的真实写照。但佛寺建设过于繁杂又会影响到国家的赋税和劳役，因此就发生了皇帝宣布灭法的事情。在北魏、北齐佛教大盛之后，北周武帝不得不取缔佛教，拆毁国内寺院，组织僧尼还俗从事生产，输课纳租。由于劳动力增多，赋税良好，北周经济开始好转，国力大盛。

隋朝文帝和炀帝又提倡佛教，佛寺极盛。唐立国之后，佛教也一直兴盛，统治者大兴土木，建造寺院、佛塔和石窟，到唐中叶时寺院的数量之大、所占用的土地以及僧人之多，已损害了皇帝的利益，导致了"会昌灭佛"。唐武宗会昌五年（845年），下诏灭佛，共计毁掉官立大佛寺四千六百多座，小寺院四万多座，还俗僧尼二十六万多人；没收了大量的土地，并将拆下的寺院建筑材料用作修建官署驿站；用寺院的铜像、铜钟等来铸钱币。这也是历史上最大的一次灭法。但下诏后一年武宗便死去，唐宣宗继位后，佛教又渐渐兴盛起来。到后周显德二年（955年），上距会昌灭佛不过一百年，世宗柴荣又一次灭法，废毁寺院三万多座，还俗僧尼六万一千多人。

传统的木结构建筑比较容易遭受破坏，再加上一次又一次的灭佛，致使唐代以前的佛寺几乎毁灭殆尽。劫后余生、比较完整留存到今天的唐代佛教殿堂只有两处，它们是山西五台山的南禅寺正殿和佛光寺正殿。

南禅寺位于山西五台县城西南22公里处的李家庄西边的山沟中，建于唐建中三年（782年）。正因为它是山区偏僻地方的一座小殿，所以能躲过会昌灭佛等巨大灾祸，留存到今天。大殿平面广深均为三间，单檐歇山顶，殿中无柱，屋顶曲线平缓，出檐深远，比例优美匀称，具有典型的唐代木构风格。虽然小，但因为是我国目前保留的最古老的木结构建筑，其历史文物价值很高。殿中的塑像也是唐代艺术品，与某些敦煌的彩塑一样，很有点世俗的生活气息。大殿进门左手边有一组彩塑，站在最前面的是一位菩萨和一位力士，菩萨身着梵文化系统的衣装，袒胸裸臂，力士身穿甲胄，两尊佛像比肩而立。最有意思的是菩萨的左手向力士伸出，状作兰花的细长手指被力士的手轻轻握住，两尊佛像的面部表情也颇有神采、十分生动。与宋代以后佛寺大殿中供奉的那

五台山南禅寺模型

五台山南禅寺中的唐塑佛像天王和侍女菩萨像

些正襟危坐的佛像相反，南禅寺唐代佛像表现出的是一种活泼的、富有生活气息的美。

五台山在唐代已成为闻名遐迩的佛教中心，唐代敦煌壁画中有多幅描绘当时五台山佛寺香火的场景。佛光寺是当时五台山十大寺院之一，初建于北魏孝文帝时期，至唐代已名播长安、敦煌，且远及日本，佛教典籍中多有记载。佛光寺建在五台山台外豆村佛光山向西的山腰上，依山势建造、布置殿阁，所以建筑均为坐东向西。寺内院落宽广，为适应地形划分成三个平台，全寺共有殿、堂、楼、阁一百二十余间。现存我国最大的唐代大殿——佛光寺大殿便坐落在最高的第三层平台上。据《法苑珠林》等经籍所记，殿前原有一座高达九十五尺、三层七间的弥勒大阁，后在会昌灭佛时，同全寺一起被毁。宣宗大中复法时，遂诚和尚在旧殿后的山坡上构筑了此殿，于大中十一年（857年）建成。

大殿面阔七间，进深四间，由内外两周柱网组成，建筑坐落在一个朴素的台基上，单檐庑殿顶，正面中间五间是板门，西端尽间与山墙的后部开有直棂窗，其余墙面均用厚实的夯土墙围绕。大殿柱高与开间的比例略成方形，两侧的柱略略向里倾斜并逐渐升高，这在古建筑上称为侧脚和升起，这样就给人以非常稳定的感觉。柱上和开间中又置以形制庞大有力的斗拱，其高度相当于檐柱的一半，上面挑出深达4米的出檐，使人感到屋顶非常雄壮有力。屋面坡度平缓，微微向上反曲，屋角也和缓向上起翘，屋顶的正脊较短，只有三个开间的长度，使屋顶上造型刚劲有力的鸱尾正好落在左右第二道梁架上，这不仅有结构上的意义，同时在构图上也使正脊、斜脊、鸱尾、屋面和殿身构成庄重和谐的比例。

五台山佛光寺模型

佛光寺大殿的木结构也很有特点。首先是它的内柱和
外柱一样高。外柱又称外檐柱，在它的柱头和柱脚都有枋子
相连，内柱柱头也有枋子联系，再加上柱上的斗拱等联系构
件，将这两圈柱架捆成一个长方形的空间筒体，非常坚固。
而屋面的坡度则完全依靠一层层斗拱的出挑和梁栿（fú）的
叠加来形成，这在古建筑上称为内外槽制度。其次，大殿室
内的梁架分成两个部分，中间以平闇（àn）分隔，所谓平闇
就是用木条组成的方格式天花。平闇上的梁架称草闇，仅起
着结构作用，不经过装饰加工。平闇下的梁架称明闇，除了
承受力之外，还要求整齐美观。正殿的内槽供有佛像，是殿

内主要空间，所以平闇做得很高，但在接近内柱处有许多粗大木构件，为了不妨碍构件的承力，这一部分的平闇便做成了斜面，从下边向上看，整个天花宛如一个漏空的覆斗，达到了使用功能、结构技术与艺术效果的统一。

总之，整个大殿无论是外形轮廓还是室内处理，都十分匀称、简洁、稳健。它的柱、梁、斗拱、门窗等全用土红涂刷，不施彩绘，格调古朴，集中反映了唐代木构建筑的特点。

五台山佛光寺大殿内的平闇和梁栿

磊磊风骨三大殿

唐武宗会昌灭佛后不到六十年，在藩镇军阀的混战和农民起义的打击下，大唐帝国灭亡了，接着便是五代十国的战乱。公元 960 年，宋太祖赵匡胤统一中国，建立了宋朝，再也没发生过灭法事件。宋代佛寺也建得很多。当时禅宗很是盛行，在教义上，禅宗吸取了儒家学说的某些理论，而更符合上层统治者的统治需要，因此很受欢迎。禅宗寺院的布置很有规范，称作"伽兰七堂"之制，一般包括佛殿、法堂、僧堂、山门、厨库、浴室、西净（厕所）。但从建筑布局上来看，著名建筑史专家刘敦桢认为："伽兰七堂"应该就是在一条中轴线上有序排列着的山门、天王殿、大雄宝殿，以及在轴线两侧的钟楼、鼓楼和大殿两边的东配殿、西配殿。大型寺院在轴线上可以有好几个殿堂；两边辅助殿室也可横向发展，甚至出现田字形的罗汉堂等。宋初留存下来的寺院不多，其中总体布局还保存宋代格局的是河北名刹隆兴寺。

"沧州狮子应州塔，正定有个大菩萨"，这是流传很广的一首华北民谣，说的都是古代匠师精心的艺术创造。民谣中的"大菩萨"便保存在隆兴寺的大悲阁中。隆兴寺位于正定城内，初建于隋代，因寺建于后燕慕容熙的花园龙腾苑旧址上，故名龙藏寺。宋太祖开宝四年（971年），赵匡胤下旨在龙藏寺内铸造铜菩萨，同时大兴土木，建阁造殿，并更名为龙兴寺。当时，龙兴寺是仅次于京城汴梁大相国寺、开宝寺等全国出名的大佛寺。后来清代康熙年间重修时，又更名为隆兴寺。据寺内保存的宋代石碑记载，当年宋太祖铸大菩萨有一段历史缘由：原来在正定府城西有一座大悲寺，寺中有一尊唐代所造的佛像。五代之乱，契丹南侵时，将大悲寺付之一炬，寺内铜菩萨自胸以上被熔毁。后集资用泥塑补齐了上身。但不久后周世宗柴荣灭佛，又下令毁佛铸钱，将残有的菩萨也烧光了。赵匡胤原是柴荣的亲信和好友，他在陈桥兵变取得皇位之后，还惦念着这件事，于是下旨重修铜菩萨金身，很有点还愿的意思。这是一尊千手千眼观音铜像，高约24米，面部表情自然恬静，身上衣褶流畅，是我国古代最大的铜制工艺品。

隆兴寺总体布局呈南北纵长形。进山门后为一长方形院子，钟楼和鼓楼置于左右，北为大觉六师殿（已毁）。再北为摩尼殿，殿前面亦有东、西配殿，又形成一个长方形院落。再北是戒台，台后慈悲阁及转轮藏殿东西对峙。正北为

王希孟《千里江山图》（局部），宋，故宫博物院

大悲阁，阁东有御书楼，西有集庆阁，它们与大悲阁也成为三殿并列制度，极为巍峨壮丽。

大悲阁是寺内最主要建筑，高约33米，上部为近年修造，共三层，但上两层均为重檐，又有木结构平座挑出，看上去层檐密布，很有高阁建筑的动人景象。当年这里还是登高远眺的好地方，有"重楼通霄汉，正殿俯星辰"的宏伟气魄。古人曾有诗赞曰："沱水东来千丈落，大行西望数峰悬。人家缥缈垂杨里，塔影参差睥睨前。"

寺内最古老、最奇特也最有价值的建筑是位于轴线南部的摩尼殿。每当我们欣赏宋代古画，常常被画中丰富多彩的建筑形象所吸引，在像王希孟《千里江山图》那样的宋人作品中，无论是村舍民房还是楼阁殿堂都极富有变化：平面随地形有凹有凸；立面高低错落，单层与楼层巧妙配合；屋顶更是多姿多彩，有单檐重檐相配，有的四出抱厦，即大屋面中再有小屋顶向前伸出；有的歇山山花朝前……表现出极富有创造力的奇思异想。但可惜当时的建筑，包括那些名重一时的名楼如黄鹤楼、滕王阁等都已不复存在，现在人们也只能对画兴叹了。而建于宋仁宗皇祐四年（1052 年）的摩尼殿却给我们留下了宋代建筑的倩影，使我们能面对实物推想出北宋建筑丰富的造型。

摩尼殿是一座面阔七间、进深七间的方形殿堂，但在四

正定隆兴寺摩尼殿

面正中，又各向前伸出一个小小的抱厦，作为殿的入口。抱厦上各建小的歇山顶，山花朝前，加上大殿的重檐歇山顶，使这座殿堂的形制变得十分复杂，是现存宋代建筑中最特殊的一座。作为隆兴寺前院的中心建筑，摩尼殿四面临空，你可以围绕它从任何角度来观赏：但见屋檐上上下下，有起有伏；山花前前后后，有进有出；斗拱重重叠叠，有挑有悬，整个艺术形象是那样的自然质朴、古雅大方。殿内的空间处理也很出色。抱厦部分比较低矮，中间甚为高大，适宜进行对佛像的朝拜活动。从正面向南的抱厦入殿，正好面对佛坛上的释迦牟尼坐像，左右站着迦叶和阿难两弟子，佛坛周围用高墙三面封闭，使这一组艺术价值很高的宋代雕塑更加集中。光线从高处顶檐下射入，从下方向上看去，有些眩光，但见佛像金身闪闪发光，加上香烟缭绕，更增加了大殿的神圣气氛。如此立面造型和空间处理双绝的古建筑，确实不可多得。

与隆兴寺的兴建差不多同时，华北大地上还造起了一座供奉观音菩萨的大殿，它便是天津蓟州区独乐寺的观音阁。隆兴寺与独乐寺虽然同在华北，但当时却分属于宋和辽，所以观音阁的建造年代是辽统和二年（984年），比摩尼殿还早了六十余年，是国内留存的最古老的多层楼阁。

独乐寺

　　观音阁是寺内的主要佛殿，为了要供奉高 16 米的大佛，便将一般的大殿改为高三层的佛阁。阁高 23 米，面阔五间，进深四间，因为有一层暗层，所以外观上看只有两层，腰檐上用斗拱挑出平座（阳台），形制甚为古老，可以看到唐代高层楼阁的某些特点。

　　观音阁在建筑史上的价值主要在于它结构上的匠意构思。与唐殿佛光寺一样，它也采用内外槽方式作为木结构主要承力系统。首先，它使用了二十八根柱子，在中间围成阔三间、深二间的大空井，从底直通到顶，其他结构构件都是围绕着这个空井布置的。可以说，整个观音阁的木构架全是围绕着大观音像而搭起的。在结构上，它的三层建筑分别用了三层独立的柱子，然后用斗拱将上下柱连接起来。每层楼的内柱与外柱一样高，柱也稍稍偏向中心（有侧脚）。在一定程度上可以说，把佛光寺大殿使用的内外槽方法一层一层叠起来，就是独乐寺观音阁，它实际上就是佛光寺大殿在高度上的发展。由此也可看出辽代建筑上承袭唐风的传统。

斗拱是观音阁木构件联系的节点，这和明清建筑将斗拱作为檐下的装饰是完全不同的。在观音阁的结构系统中，不仅承重的梁和联系用的枋子要靠斗拱连接，上层柱和下层柱的连接也要靠斗拱。特别是为了使建筑底层大，楼层稍小，在建造时将二层的柱子向里移进了半个柱径，这样更增加了斗拱形式的复杂性。据统计，整座观音阁共有各种类型斗拱二十四种。然而这样的构造却使建筑更牢固、更稳定。第二层是暗层，仅起着结构作用，在暗层里使用了各种斜撑将柱牢牢捆在一起，以防止结构变形。实际上第二层暗层已经成为第三层楼阁的一个稳固基座。在这些结构措施的加强下，这座高耸的佛殿在一千年中经受了多次地震而不倒，特别是1976年唐山大地震，震中近在咫尺，许多现代建筑倒坍了，而这座千年古建筑仍然"风雨不动安如山"，屹立在华北大地上。已故的建筑专家梁思成曾经为观音阁做过多种力学试验，结果发现它的木构梁架受力非常合理，"宛如曾经精密计算而造者"，的确可称之为巧筑奇构了。

山西大同的华严寺是华北大地上屹立的又一座辽代寺院。它坐落在大同市的西南隅，是国内现存保护较好、文物价值较高的古建筑。寺院以佛教流派之一华严宗的经典《华严经》为依据修建，故名华严寺。《华严经》是释迦牟尼成佛后，首次讲的经，佛祖前后在七个地方讲了九次才将经讲完，所以称为"七处九会"，这是佛教典故中较有名的一个典故。当时辽代统治者，可能有感于此，才修建了这座寺院。以后，寺庙遭到多次破坏，到明代又分成上寺和下寺。今天的华严寺包括上寺和下寺两处相毗邻的建筑群。

华严寺的第一个奇处是它的朝向。与一般寺院向南为正方向不同，华严寺以向东为正。所有山门、大殿均位于东西向的轴线上，坐西向东。据《新五代史·契丹传》记述："契丹好鬼而贵日，每月朔旦，东向而拜日。其大会聚、视国事，皆以东向为尊，四门楼屋皆东向。"所以华严寺向东是与契丹族的居住习惯和拜日信仰分不开的。

华严寺的建筑尽管在建造年代上与北宋建筑基本相同，然而却表现出与唐代建筑很相像的雄伟、宏大的风格。之所

上华严寺大雄宝殿模型

上华严寺大雄宝殿上的琉璃鸱吻

上华严寺大雄宝殿

以会形成这一特点，主要是受到当时地理上分治的影响。辽的地域包括燕、云一带，也就是现在的北京、天津、河北和山西北部地区。这里在唐末由于经常受到契丹的侵犯导致发展速度比内地慢，到五代后晋时，石敬瑭干脆将这一区域割让给辽国，后来又同宋互相对峙。因此，北宋时出现的许多新的建筑手法无法影响到这里，辽向中原学到的文化内涵，基本上还是唐式的。华严寺的上寺大雄宝殿便是唐风犹存的大佛殿。

大殿东向，面阔九间达 53.75 米，进深五间约 29 米，总面积为 1559 平方米，是我国现存规模最大的佛殿。其立面造型是唐代常见的单檐四坡（庑殿）顶，屋面坡度平缓，斗拱雄大。殿顶正脊高达 1.5 米，两端黄绿相间的琉璃鸱吻高有 4.5 米，柱及墙身的侧脚较明显。这些巨大构件的组合，加上红墙、灰瓦、黄脊的色彩配合，使大殿格外地刚劲挺拔、宏伟壮观。大殿正中的佛坛上端坐着五尊金色的大佛，分别代表着大千世界的东、南、西、北和中央。按照拜佛要求，在佛像前需要有一个相当宽敞的空间，于是古代匠师便使用了"减柱法"，在殿堂中央共减去大柱十二根。在开间如此之大的木构殿堂中减柱，国内也仅此一处。

薄伽教藏殿壁藏

　　下寺的主建筑是薄伽教藏殿。"薄伽"是梵文"世尊"的音译，世尊是佛的一个名号，所以此殿其实就是藏经殿。殿内气氛与大雄宝殿形成对比，大殿是色彩鲜艳、金碧辉煌，而薄伽教藏殿则是深沉冷肃、古色古香。此殿建于辽重熙七年（1038 年），是典型的辽代建筑。最精彩的便是殿内沿侧壁排列的重楼式壁藏（即收藏经书用的木柜）三十八间。壁藏在后窗处也不断开，先在窗上用斗拱挑出雕刻精细的天空楼阁，然后从两侧壁藏架起天桥与楼阁相连。因此，后墙虽然有五处开窗，但整个壁藏却上下相连，延绵不断。

山西悬空寺

壁藏分上下层，上层为佛龛，下层是经橱，均雕镂得极为细致，反映了辽代建筑的工艺水平。梁思成教授于 1933 年曾到华严寺实地考察，称壁藏为"海内孤品"，其历史和艺术价值之高由此可见。

空中、桥上和涵月的佛堂

在古代佛教兴盛的年代里，佛陀们的足迹无所不到。除

开城市乡镇，人们特别喜爱在有山有水、环境清净的风景之地营建寺院。由于地形条件的限制，这些寺院就不讲究对称或序列前进的"伽蓝七堂"制度了，而常常临深涧、傍绝壁，或上山巅，或藏沟壑，创造出常人想都不敢想的佛寺奇观来。中外闻名的悬空寺就是这类令人叫绝的寺庙建筑，它是悬吊在半空中的佛寺。

"石壁何年结梵宫，悬崖细路小径通。山川缭绕苍窦外，殿宇参差碧落中。"这是明代文人郑洛所写的《过悬空寺》

的诗句。诗人将这座奇巧的佛教建筑比作石壁上的梵宫、碧空中的殿宇，实在是再恰当不过的了。它形象地描绘出悬空寺惊险神奇、动人心魂的景象。

悬空寺位于山西浑源县南十里的恒山金龙峡中。峡谷形势奇险，东边是恒山主峰天峰岭，西边是峻削巍峨的翠屏山。寺就架在翠屏山的半山腰，最低的殿堂离谷中奔流的溪水有 60 余米的距离。从金龙峡东侧的步道上仰望，只见刀劈斧削的绝壁上，好像凌空悬挂着一座高低错落、前后参差、轮廓极富变化的多层殿堂。它下临深渊、上载危岩，真是壁岸无阶、岑楼仰止，令人叹绝。

悬空寺之奇首先在于它的选址。它倚靠着作为建筑基础的翠屏绝壁，气势相当大。据传唐代大诗人李白于开元二十三年（735 年）游太原后，曾到雁门一带，并游恒山，在金龙峡口见此悬崖气势磅礴，当即挥笔题了"壮观"两字，字大如斗，现在还留在悬空寺北边太白祠附近的崖壁上。翠屏崖壁很大，而建悬空寺的那一部分又与他处不同。它正好处在岩壁略微向里凹进，呈弧曲线的那一块上。而且，不仅沿峡谷方向呈曲线，寺上方的岩壁也呈曲线渐渐向外挑出，形成悬岩，在高处筑起一道屏障，使崖壁的滚石、雪、雹等很少有机会落到殿堂屋面上。而左、右微凸出的岩壁对减小峡谷中的风速、遮挡雨雪也起到一定的作用。

悬空寺局部

在这一块奇特的岩壁上所建的寺庙也极奇巧。由于殿堂建得高，底下又是山谷激流，无法按常规立柱盖房，古代匠师就在石壁上开眼凿洞，插入粗大木料，就在悬空在外的木梁上盖房子，将垂直向下的力转变成横向的力，用翠屏岩来承担整个建筑群的重量。悬空寺大小殿宇楼阁四十余间，几乎每间底下都有粗大的悬臂木梁。像悬挂在全寺最高处的三教殿，是寺内最大的楼殿之一，楼高三层，单檐歇山顶。它每层每根柱下都有悬臂梁插入石壁，所有柱、横梁、枋子等木结构承重构件都同底下大梁牢固地连接起来，成为一个整体。峭壁上还嵌固着许多长长的斜撑，从各个方向拉住殿屋，使其结构具有良好的稳定性。这也是悬在空中的寺庙能历千年经数次地震而不倒的原因。

"小巧玲珑，曲折有变"，这是悬空寺殿堂的布局特色。从岩壁上挑出的房屋，当然不能有很大的进深，为了借力，开间也不能过大。所以寺内殿堂都很小巧，依着岩壁的凹凸，高低错落，很有层次地布置着。殿堂之间，用很窄的廊桥，实际上是有顶的栈道，相互联系起来。时而爬悬梯，时而过洞窟，有时还要从殿堂的长窗中穿出。这悬空的长廊弯弯曲曲，殿回楼转，一步一景，犹如在半空中飘忽的彩带。整个建筑群也因此呈现出均衡中有变化，分散中有联络的特点。再加上寺中的石雕，碑刻，泥塑、铜铸佛像等小品，使寺院的艺术色彩更加浓郁，也引得不少古代的墨客骚人为之折腰，有的赞它"结构何玲珑，层层十二空"；还有人想到了构筑悬空寺匠人的智慧和力量："谁凿高山石，凌虚构梵宫。蜃楼疑海上，鸟道没云中。"的确，悬空寺的奇巧构思，在我国古建筑史上是应该留下地位的，正如寺内栈道边石壁上所刻的，是一件"公输天巧"的杰作。

寺院可悬在空中，也可飞上峰顶。四川江油窦圌（chuán）山云岩寺前三支笔峰上屹然而立的三座小庙，便是另一种风情的寺庙建筑绝观。窦圌山形式奇绝，风光绮丽，早在一千多年以前，就是一处文人雅士喜欢游赏的山水风景地。传称唐代彰明主簿窦圌曾隐居于此，后人就称它窦圌山。李白也曾游于此，所作"樵夫与耕者，出入图屏中"的名句写的就是这里的风光。山在江油旧城武都镇东北，站在城边那"澄清江水碧于油"的涪江之滨，透过轻纱般的雾霭，就能见到一座奇特的高山——窦圌山。山上奇峰耸立、台地层叠，云岩寺就建在山顶的台地上。从山麓到山顶台地约有十里许，待到人们在林木苍翠、风光绮丽的山道上迂回

远眺窦圌山云岩寺

曲折到达山顶台地时，立刻就会被寺后三座笔直耸立的石峰所吸引。这三座石峰四壁如削，高达百余米，犹如三支巨大的石笋插在窦圌山之巅。三峰鼎足而立，相距数十米，好像在相互招呼，"甚具顾盼之意"，这实在是大自然鬼斧神工创造出来的天然奇观。

在如此天然图画中建造寺院很需要有点巧思。当年寺庙的建设者完全懂得"亭台乃山水之眉目，当在开面处安置"这一画论的含义，为了强化高峰险景的感染力，在这三座顶面积很小的峰尖上，各建了一座小庙。庙屋的地基占满了峰顶，墙沿绝壁而筑，屋檐却伸挑于悬崖之上，凌空欲飞。更为奇妙的是三峰中只有一峰有险路可登，其余两峰只有两根可供手扶脚踏的铁索相连，去两侧小庙只有走此危险非凡的悬索桥。这三座险峰，三座小庙，衬以窦圌山的近山远水，构成了一幅以寺庙建筑为中心的峰峦奇景。

如果寺院将主要殿堂建在横跨深谷的桥上，这也能称得上是一个奇观了，而河北井陉县苍岩山福庆寺的大殿——桥楼殿，便是这样一种奇构。

"五岳奇秀揽一山，太行群峰唯苍岩。"这是古人对苍岩山风景的赞美。苍岩山地处太行山东麓，在井陉南三十公里

福庆寺桥楼殿

处，周围群峦积翠，山高谷深，古树参天，怪石嶙峋。山中还建有一座千年古刹，当年隋炀帝的长女南阳公主曾在此削发为尼。寺原名兴善，宋初时改名为福庆寺。此寺构筑在两山对峙的一条深沟中，所有殿堂楼台或跨断崖，或依绝壁，或临深渊，或沿山道曲而萦回。选址独具匠心，择景异常巧妙，正是"万景临诸壑，千峰拱上方"，布局上就非同一般。佛寺建筑的又一奇观，建在桥上的佛殿——桥楼殿便藏在此山中。

一进山门就可看到，在两峰对峙的悬崖间，有一条小径沿绝壁攀缘而上，这就是"悬登云梯"。云梯两侧有铁链护扶，自下望去，只见青天一线。半空中有三座石桥飞架，待到爬完三百六十余级云梯，就来到福庆寺的中心区域。横跨绝涧的三座桥上，有两座修筑了殿堂，一座是天王殿，一座便是很出名的桥楼殿。在桥上建殿堂，实在是不得已的办法，但福庆寺是沿山谷而造，两边均是绝壁，凿石开山建屋并不经济，且大殿隐于岩间不利通风采光，于是古代工匠便因地制宜，以桥代地、"跨山弥谷"建起桥殿来。

桥楼殿的基座是一单孔石拱桥，其跨度 15 米，宽 9 米，拱券纵向排列砌筑，构造精巧，浮雕亦古朴生动，应是金元时留下的旧物。殿屋坐西朝东，面阔五间，进深三间，周围绕廊，廊上出檐一层，楼层屋面为单檐歇山顶，均为绿色琉璃瓦铺筑，正脊和斜脊则为黄琉璃瓦。屋顶坡度较平缓，屋角起翘自然，上檐和下檐的椽、枋等木构件上绘有苏式彩画，装修较为华丽。整个建筑与石桥配合协调、比例匀称。势若长虹的桥面曲线合着闪光的两重琉璃瓦的飞檐翘角，使桥楼产生一种动势，予人以凌云欲飞的感觉。所以"桥殿飞虹"也就成了苍岩山风景的主景之一。殿堂建在桥上，跨越峡谷，在艺术上也是很有特色的。首先它的位置很突出，能吸引游人香客的视线。特别是沿悬崖登云梯上山时，在谷地仰望大殿，更显得雄伟壮观。要是蓝天上有白云在飘动，高处楼殿似乎也在动，便有"千丈虹桥望入微，天光云影共楼飞"的强烈感受了。要是遇到云雾弥谷的阴晦天气，那么云雾飘来忽去，桥楼也在云雾中时隐时现，更增强了某种神秘气氛。而要是大雨滂沱，那么在殿中聆听绝涧中奔流的溪水，则又是别样滋味了。

要说山水林泉中的寺院建筑奇观，不可不说被称为"天涵宝月"的曹溪寺。曹溪寺位于云南昆明西郊安宁市葱茏岭，面临螳螂川，河溪对岸便是名闻西南的安宁温泉。寺院取名曹溪，据说还和禅宗六祖慧能有点渊源。当年六祖慧能在家乡隐伏了十六年，后来在家乡广东韶州曹溪宝林寺大兴佛法。为了宏构南派禅宗，慧能派他的弟弟到云南传播佛教教义。这位僧人来到安宁温泉，看到这里好山好水，地形和韶州曹溪口很相似，于是便建寺并取名为曹溪。不管这个故事是真是假，不过寺院建的年代确实很早。现在寺内的大雄宝殿就是南宋时期留下的古殿，殿内所供奉的木雕华严三圣像是国内很少见的宋代造像。

曹溪大殿建于南宋时的云南大理国期间（1127—1253），它结构古朴，柱子较矮，斗拱硕大，而且只在端头下部削成弧面，保持了宋代木结构"卷"的形式。不过最能引起人们兴趣的却是大殿的"天涵宝月"奇观。

曹溪寺大殿坐西朝东，前檐正中有一个直径 41 厘米的圆孔。据民间传说，每隔一个甲子（六十年）的中秋节，当明月升起，月光就会从圆孔射入，不偏不倚，正好照在殿内阿弥陀佛像的前额。然后随着月亮渐渐升高，月影慢慢下移，直到大佛肚脐消失。这一奇观就叫"天涵宝月"，又叫"月映佛胸"。因为这一奇观与佛像有关，当时的众信徒凭着耳闻口传，越传越神，曹溪寺的名声也越来越大，文人雅士也纷纷吟诗作文，赞之为"月印佛像佛印月"，于是"曹溪印月"也成了著名的昆明八景之一。

实际上，月映佛胸的奇观确有其事，但周期不一定是每六十年的中秋节。据云南天文台专家推算，月亮从正东边初升时，其赤纬必须在 0° ～ 4° 之间。月亮经过这一范围每年有好几次，但是每月农历初一到十五，月亮升起，太阳还没有落山，即使月印佛像，也看不出来。另外，每月的农历二十五以后，弯月越来越细，光线很弱，也无法在佛像上投下月印。因此，只有每月的农历十五至二十四这几天，月亮经过上述赤纬时，才能形成天涵宝月。这样，一年也就没有几次了，再加上阴天下雨，所以能看到这一奇观的机会实在不多。然而，日印佛胸的机会就要多得多。每年农历春分、秋分节气前后，只要遇上好天气，一连有好几天都会出现日印佛胸的奇观。在日出后半小时到五十分钟之间，阳光透过圆孔，正照大佛面额。大佛金身经朝阳一照，顿时金光耀眼，满屋生辉。这似乎更比"月印"壮观。

"天涵宝月"奇景是寺院的设计匠师以其丰富的天文知识，结合大殿的结构特点创造出来的奇观。在一千年前的宋代便能有此杰作，更充分反映了我国古代人民的聪明才智。

世界屋脊上的奇筑

青藏高原，人称世界屋脊，那里居住着勤劳勇敢的西藏人民，在漫长的历史中，他们以自己的双手创造了许多奇丽多姿的建筑，构成我国古代建筑文化中的一个组成部分。西藏是一个特殊的宗教地区，从很早起藏民就信奉藏传佛教。这也极大地影响了当地的建筑形式，可以说，在青藏高原上，凡是建造精良、艺术价值高的古建筑无一不是佛寺。

西藏地区的佛教约从唐代初期由内地和印度同时传入。佛教传入西藏地区后，加上当地一种原始巫教"黑教"的成分，形成一种带有西藏地区特色的藏传佛教，也就是习惯上称的喇嘛教。原先西藏地区的建筑技术比较简单，因为高寒地带气候变化大，且少雨干旱，发展得较完善的建筑仅有"依山居止，累石为室"的碉房。唐代时，汉族建筑技术随佛教传入之后，与原有的碉房建筑相结合，渐渐形成了独特的藏传佛教建筑艺术。像七世纪在拉萨修建的大昭寺、小昭寺，八世纪在雅鲁藏布江边修建的桑耶寺等，都是其中的精品。同时，西藏地区与印度和尼泊尔是近邻，交通相对方便，所以印度佛教建筑对藏传佛教寺院也有较大影响。

西藏拉萨布达拉宫

　　藏传佛教建筑所体现出的风格与内地的佛寺很不相同，对于习惯了传统汉族建筑的人来说，它们有点奇异的韵味，完全称得上是古代的奇构巧筑。其中气势最大、使人最难忘的当数拉萨布达拉宫建筑群。

　　西藏高原，大山连着大山，雅鲁藏布江汹涌向东奔去，实在是"地无三尺平"。但是雄才大略的藏王松赞干布却在一千二百年前，颇具慧眼地发现了大江支流拉萨河上的一块平坦谷地，将其作为他的圣地和首府。谷地四周群山环绕，雪峰历历，中央有两座小石山陡然突起，其中较大的一座叫布达拉，藏王的宫殿就坐落在这山上，也因此而得名布达拉宫，是松赞干布为迎娶文成公主而建。九世纪以后，由于教派之争，西藏陷入了战火连绵的时代，布达拉宫也渐渐破败颓圮。今天举世闻名的布达拉宫是 1644 年西藏统一后重建的，昔日松赞干布为文成公主建的九百九十九间殿堂仅存法王修法洞和观音佛堂二处。

历时五十年修建而成的布达拉宫由中间的红宫、两侧的二组白宫以及山脚下的碉房式辅助用房（藏语称"雪"）组成。它们之间以许多碉楼、城墙相连，高低错落，前后参差，最上冠以汉式的金顶，总高十三层达 117 米，占地 41 公顷，几乎占据了整座布达拉山。

"好像是从山上长出来的"，这是每个观赏者首先得到的强烈印象，也是布达拉宫最大的艺术特点。当年西藏的建筑艺术家因地制宜，采用了许多处理手法来使宫殿牢牢生根于山上，与山融为一体。首先，整个宫墙体积的组合是不规则、非对称的，破除了历来重要建筑中心对称的老框框。用花岗石砌的宫墙随地形自由布置，形成前后高低错落的变化，看上去就像半人工半自然的产物。每段宫墙的体量均非常大，而且渐渐向上倾斜（收分），正面也不是通常建筑墙体那样的直线，而是与弧形山势相一致的弧折线。

其次，从山下引上宫门的几道踏垛也大致与山的等高线平行，呈不规则"之"字形。两侧的城墙也依山而筑，呈阶梯形轮廓，与整个建筑在构图上彼此呼应。这些墙、垛犹如大树的根一样，把宫殿和山石紧紧地连在一起。

从立面看，建筑部件与装饰由粗到细、由简到繁的匠意安排也是将宫殿与山体融为一体的重要原因。除了踏垛城墙，宫墙下部与岩石也连成一气，乍一看不辨真假。由此向上是一大片石壁，然后是凹进去的假窗和防御用的箭窗和通风的气窗。这些窗设有装饰，好像是石壁上自然的孔洞。再上则是白宫上三层窗洞，窗上有两层木檐，四周有藏式建筑黑色的梯形窗套。再上则是红宫的五层窗洞，同样的装饰，但颜色上有了加强……到红宫顶部，是高达一层的暗红色饰带，饰带以树枝断面叠成，质感柔软，与镶在它上面的巨大铜制鎏金饰物形成强烈的对比，造成极丰富的装饰效果。因此从山下看来，全宫自下而上逐渐由自然转向人工，由粗糙到精细，由简单到繁复，由质朴宏大到辉煌光灿；而到红宫顶上，以几座黄金饰面，装点着经幢、宝珠、金幡等饰物的汉式重檐歇山顶和攒尖顶为最高潮。这样整座宫殿由自然朴素的豪放美转化为壮丽华贵的艺术美，表现出人类建筑艺术精品与山河共生、并大地长存的气概。

布达拉宫建筑空间组织的艺术也非常高超。与一些汉族大型宫殿、坛庙建筑不同，它的空间序列不是按水平方向推进，而是在垂直方向上逐级提高，因而具有与众不同的艺术魅力。

布达拉宫白宫

布达拉山前是一片低矮的房屋和曲折的街道，分布着西藏自治区人民政府机构、印经院、造币厂、木工厂、马厩等附属设施。要进宫拜谒，首先要穿过街道，到达山脚下的一方高台，台中置立着一座尖碑。由此开始循"之"字形台阶而向上登攀，经过三次转折而到达四层楼高的东宫门，由此结束了在室外行进的第一个垂直空间。入宫门后向左折入了幽暗的甬道。两侧是厚达三米的石墙，脚下是缓步上升的石级，人行其中好像置身于隧道之中，只有几个小窗透过厚墙射入丝丝光线，予人一种幽暗、压抑的神秘感。再向右转，便到了一个小院，顺着弧形院墙，人们又自然地转而向北，迎面是台阶上的第二道宫门，这是幽暗、曲折的第二个空间序列。

进门后再次进入了幽暗的甬道，折而向左，经过一个宽大的门廊而来到一个很大的屋顶庭院。对面，正对着门廊的便是高耸的东翼白宫，庭院平台上有宽阔的台阶把人直接引向二层的华丽宫门。宫墙顶上的两座小金塔及巨大的暗红饰带就在你的眼前。庭院两侧是双层围廊，当你推窗外望，看到拉萨河如闪闪发亮的丝带蜿蜒流过宫脚下，才意识到自己已置身于一个高耸于半空的天庭之中，而前面却是更要高得多的巨厦。这些感受，汇成了一股强大的美感，使你发出由衷的赞叹。

在这向上步步升高的建筑空间序列中，艺术家运用了先大后小、先抑后放、明暗相间、曲折多变等多种形式美的对比手法，强化了布达拉宫的崇高与神圣。当年达赖喇嘛便是在这壮丽华美的宫门之中，接受喇嘛和政府官员跪拜的。达赖的寝宫在白宫的最高处，阳光终日朗照，又称日光殿。红宫内主要是历世达赖的灵塔殿和各类佛堂。达赖灵塔既是宗教崇拜的最高圣物（达赖尸骸便保存在塔瓶之内），又是西藏最珍贵的文物。仅五世达赖的灵塔就用去黄金十一万九千多两，大小珍珠四千多颗，其他珠宝更不计其数。布达拉宫也是西藏文物的宝库，那殿堂中保留的绚丽多姿的壁画、罕见的经文典籍、刀法细腻流畅的佛像，以及建筑上的各座鎏金佛塔亭殿和磴道两侧的神兽，都显示出藏族匠师的杰出艺术才华。

与布达拉宫遥遥相对的是历史悠久的大昭寺。大昭寺位于布达拉宫东南五里的拉萨旧城中心，四周环绕着著名的八角街。它那红色白玛草檐与华丽耀眼的金瓦顶和梵轮，给这座古城带来浓厚的宗教气息。

大昭寺始建于公元 647 年，当时卓有远见的吐番王松赞干布与邻国联姻修好，迎娶了唐文成公主和尼泊尔尺尊公主。在两位公主的影响下，藏王决定皈依佛教，并由公主亲自选址，建造一座收藏佛像和经书的寺院，这便是大昭寺。大昭

大昭寺

寺坐东朝西，平面吸取汉族佛寺的形式，基本为四合院形式，这也是藏传佛教寺院的基本形制。寺以正方形的大殿为中心，当年文成公主曾从中原带来工匠参与营建，所以主殿的木结构梁架、斗拱、藻井等都带有盛唐的风格。现在的寺门、大殿的三四层和金殿，以及周围的建筑如经房等都是元、明、清各朝陆续增建的。

大殿的雕刻和装饰很是华丽，使人目不暇接。殿门、门框、廊柱、梁架和额枋等处刻有生动细致的几何图案饰物。底层北廊柱斗的石雕中还留有古代飞仙的浮雕。柱身断面基本上是"亞"字形，柱头上有托木和斗拱。并绘有色彩丰富的动植物彩绘，还雕有人物、天鹅、大象等飞禽走兽，形体古朴、刀法简练。金顶下的结构为多层斗拱，下面有人字叉手、栌斗等汉族木构建筑中较古老的构件。在平座的转角处和大门上部，装饰有狮首座兽和带飞翼的仙人走兽，具有明显的古代印度和尼泊尔建筑雕刻的特征。此外金顶屋脊上的宝盘、宝珠金盘、莲座、卧鹿、法轮、金幡等装饰，也是尼泊尔、印度庙宇中常见的。从这些地方都可以看出西藏佛教寺院建筑中中外文化交流的史实。

另一处值得一提的西藏建筑是扎什伦布寺，寺名的藏语意思是"吉祥须弥山"。扎什伦布寺初建于明正统十二年（1447年），到1600年正式成为西藏地区举行宗教和政治活动的中心之一。寺院规模极大，建在日喀则西南尼色日向阳的山坡上，建筑东西长达1700米，南北宽约500米，总面积达30多万平方米。寺依山势而建，层层叠叠、高低错落、巍峨庄严。

与布达拉宫不同，扎什伦布寺的布局采用藏传佛教中黄教经学院的传统布置手法。全寺分班禅宫殿、班禅勘布会议厅、班禅灵塔殿、札仓（经学院）四部分。经学院由寺内最古老的木构架建筑错钦大殿以及脱桑林、夏孜、吉康、阿巴四个札仓组成。在错钦大殿中，满绘壁画，其中的宗喀巴像及礼佛图、十八罗汉等作品尤为精湛。觉干夏殿是六座灵塔殿中最辉煌的一座，殿中四世班禅的灵塔高 11 米，塔身满裹银皮（比达赖灵塔包金皮低一级），也镶满了珍珠宝石，雕琢华丽。殿顶采用汉式的歇山重檐式顶，屋面用鎏金铜板做成瓦形，金光灿灿，成为寺院建筑的一个标志。

在拉萨南边不远的雅鲁藏布江边上，还有一座完全按照藏传佛教经典曼陀罗形象建造的寺院，这就是扎囊县的桑耶寺（在清代译成三摩耶庙）。曼陀罗是佛教密宗关于世界（宇宙）构成的形象图式，后来河北承德普宁寺大乘之阁周围的曼陀罗，也参照了桑耶寺的布局形式。寺院的总平面为圆形，中央的乌策大殿象征着世界的中心须弥山；南边的

桑耶寺

米玛（太阳）庙，北边的达娃（月亮）庙分别象征着日和月；大殿四角的白、青、绿、红四座舍利塔分别象征四大天王；围绕大殿的十二座建筑则象征着须弥山四方咸海中的四大部洲和八小洲；而圆形的围墙，也就是世界的外围铁墙……如此奇丽别致的布局构思，在全西藏寺院中也仅此一座。

桑耶寺建筑之中，乌策大殿最为新奇雄伟。该殿的建筑风格十分多变，据《西藏王统记》载，十七世纪重建时，主殿下层"依西藏法建造之"，中层"依内地法建造之"，上层"依印度法建造之"。所谓西藏法，便是西藏传统的高层碉房、厚墙、平屋顶建筑；内地法就是汉族建筑的木构、腰檐、平座、栏杆；印度法就是仿照印度的菩提迦耶大塔，其特点是十字对称，中央一座大塔，四隅四小塔。这样的三部分合在一座殿堂上使乌策大殿看上去既雄伟又奇巧，非常引人注目。

与藏传佛教密切相关的重要建筑还有一处是坐落在青海湟中县鲁沙尔镇的塔尔寺。这里也是藏传佛教中格鲁派的创始人宗喀巴的家乡。

传说宗喀巴十七岁就去拉萨等地访师问道，一直未回故里。他母亲非常想念儿子，便托人带信，并附去一绺白发。但宗喀巴只写回一信，并附带一张自画像和一座"狮子吼"佛像，告诉母亲说：如果想念他，就在他诞生的地方建一座塔，安上佛像，并在旁边种上菩提树。在明洪武十一年（1378年），他母亲终于将塔建成了。后来僧人们又围着塔建了一座殿，形成一所小寺院。清初，封建统治者们为了缓和民族矛盾大修寺院，塔尔寺便大大发展起来，建了密宗学院、医学院、天文学院、九间殿、护法神殿、长寿佛殿等，宗喀巴纪念塔殿也变成了大金瓦殿，形成了藏汉结合的综合

塔尔寺宗喀巴纪念塔殿

性藏经佛教经学院。

建筑中最引人注目的是宗喀巴纪念塔殿，它是塔尔寺的主殿，为带檐廊的三层重檐歇山顶，屋面为铜制鎏金瓦，正脊装宝塔、火焰掌，四角设龙头套兽和铜铃，底层为琉璃砖壁，二层为边麻墙面装饰窗，造型庄严大方、宏伟壮观。寺院在清康熙年间大修时，曾用一千三百两黄金和一万两白银改制金顶，使殿顶在高原明亮的阳光下发出闪烁的光芒。

塔尔寺建筑群的整体形象丰富多姿，那小巧玲珑的门亭，顶部用"边麻"装饰的外墙，别具一格的藏窗，装修多样的柱廊，华丽的琉璃砖墙，轮廓多变的藏房，精细优美的画廊，造型生动的砖雕、木刻，再加上那平顶上装饰的刹式宝瓶和金幢以及大殿上的金顶，构成了一幅绚丽多彩的藏式大寺院的美妙画面。殿内还有大量的宗教题材的雕塑、壁画、堆绣、藏毯、酥油工艺制品，金银供器和鎏金佛像，更将塔尔寺点缀得耀眼夺目。

佛寺建筑大荟萃

除了藏传佛教的发源地青藏高原，内地藏传佛教寺院最集中、规模最大的是河北承德的避暑山庄。从康熙五十二年（1713年）到乾隆四十五年（1780年），在避暑山庄东面和北面的山坡台地上，陆续建造了大小十一座藏传佛教寺庙。其中有八座在当时驻有朝廷派遣的喇嘛，并由理藩院发放银饷，所以人们一般称之为外八庙。在这十一座寺庙中，目前溥善寺和广安寺已不存在，普佑寺和罗汉堂也所剩无几，只余溥仁寺、普宁寺、安远庙、普乐寺、普陀宗乘庙、殊象寺和须弥福寿庙七座。承德避暑山庄是前清和盛清时期一个重要的政治活动中心，这些庙宇是朝廷在解决当时北部、西北部边疆和西藏问题的过程中，为了供来承德觐见清朝皇帝的各少数民族王公贵族、宗教领袖观瞻、居住和进行宗教活动而修建的。当时乾隆皇帝还采取了"因其教，不易其俗"的政策，把藏传佛教宣布为国教，来顺应藏、蒙等少数民族上层人物的意愿，密切了边疆与中央政府的联系。所以，外八庙建筑在一定程度上记录了十八世纪我国多民族统一的国家巩固和发展的过程，它们的形象也表现出与上述政治内容相适应的多民族建筑风格的融会。

普宁寺位于避暑山庄东北五里外，背靠松树岭，武烈河萦绕其前。寺庙依山就势而建，坐北朝南，规模宏大，其中心部位南北长 250 米，东西宽 130 米，占地 3.25 公顷。寺建于乾隆二十年（1755 年），是乾隆时期建的最早的一座藏传佛教寺院。当时清朝政府平定了准噶尔达瓦齐部落的叛乱之后，在避暑山庄大宴厄鲁特蒙古四部的上层人物，并分封爵位。而厄鲁特蒙古四大部落均信奉黄教，所以乾隆下令，"依西藏三摩耶庙之式"建造普宁寺，以为纪念。这"三摩耶式"（即桑耶式）就成了普宁寺最大的特色。

寺院建筑群大体可分成两部分：由山门至大雄宝殿为前

普宁寺大乘之阁

部；大殿后，以大乘之阁为中心的许多附属建筑合为后部。前半部基本采用汉式寺庙的建筑布局，沿轴线有山门、碑亭、天王殿三座建筑，大雄宝殿是这部分的主体。

大雄宝殿后的地势陡然升起，用整齐的石条砌筑成一个高台，台前用作挡土的金刚墙高达 9 米，正中和两侧各设蹬道可达台顶。一登上大石台顶，眼前出现的便是另一番景色了。正中立于 1.6 米高的台基之上的是高大巍峨的大乘之阁，代表佛教经典中的世界中心须弥山；大乘阁正南方是南瞻部洲殿，位于中央向前突出的"凸"字形藏式红台上。殿平面"依南瞻部洲呈肩胛骨之相"的条文前窄后宽为梯形，故又称三角殿，上覆黄琉璃瓦庑殿顶。在大乘之阁正北方小冈上，有一个 10.4 米见方的藏式白台，上建北俱卢洲殿，内供财宝天王像。平面"依北俱卢洲呈方形之相"为正方形，故又称方阁，屋顶是一种变形了的歇山式，也覆黄琉璃瓦。大乘阁西边，有四角呈圆弧状的白台，是西牛贺洲殿，"依西牛贺洲呈圆形之相"而建。大乘阁之东为东胜神洲殿，因"东胜神洲呈半月形之相"，所以白台也为弯月状。在这两座台上都建有矩形黄琉璃庑殿顶小殿。四大部洲之外，还有日、月殿和八小部洲等建筑。

　　大乘之阁是曼陀罗的中心，也是普宁寺的主体建筑。它是一座六重屋檐的五层木结构楼阁，高达 37.4 米，在我国古代高层木构建筑中名列前茅，仅次于应县木塔和佛香阁。由于阁内要立一尊二十余米高的千手千眼观音佛像，中间有一个五间阔、三间深的上下贯通的大空间，更增加了结构的复杂性。在体形组合上，大乘之阁灵活地采用了汉族建筑的楼、阁、殿、亭等多种形式，在两侧立面上还成功地加入了西藏碉楼建筑的某些意味。整个阁身向上渐渐收进，在第四层由七间变成五间，四角每间单独成为一个小方亭，上覆黄琉璃瓦攒尖顶。中间三间再收进半间并升高一层，上面盖一个大的四方攒尖顶，形成五顶对峙、中心突出、错落有致，充分表现出汉族木结构建筑体系屋顶多变的特点，其艺术价值要远远超出桑耶寺乌策大殿。

　　普宁寺以建筑物的布置构图来表现曼陀罗的模式，在外八庙中，还有一处以木制的模型来重现曼陀罗，这便是普乐寺的旭光阁。

　　普乐寺在武烈河东的山冈上，从山庄向东望，很有特色的棒槌峰就在普乐寺旭光阁金顶的身后，层次分明，周围衬之以起伏的山峦和绿色的田野，是一幅既有对比又很和谐的自然与建筑的风景画。普乐寺前部与一般寺院并无差别，但它的山门竟开向西南，朝着避暑山庄，这是乾隆皇帝的主意，有着众星捧月、万方归顺的寓意。接受了内蒙藏传佛教领袖章嘉活佛的建议，乾隆在寺中设计了一个颇有特色的主题——"阇城"，意为"都城"，"阇城"在《热河志》中被称作"经台"，是喇嘛传授佛法的地方。阇城是石砌的二层方台，第一层台为 44.4 米见方，台高 7.2 米。四面正中辟拱门，台上砌堞犹如城台，东西拱门内有石级可登台顶。台上四周环立琉璃佛塔八座，形状相同，色彩不同。台上正中又

普乐寺

砌 32.8 米见方后台，台高 6.6 米，四面正中也辟拱门，这里变作南北拱门，可登台顶，东西两侧为深龛。第二层台顶四周环以后栏杆，台上建有圆形大殿一座，就是主体建筑"旭光阁"。大殿直径 21 米，高 24 米，重檐黄琉璃瓦攒尖顶，内外各有柱十二根，外柱支撑下檐，内柱支撑上檐。内檐圆形天花上置圆形蟠龙藻井，与阁内正中的汉白玉圆形须弥座上下呼应。座上雕刻非常精美，中间放着罕见的立体木制的曼陀罗模型，模型中央供奉着双身上乐王佛像一尊。

普乐寺构思奇异、造型别致、规模宏大、建筑精美。乾隆三十一年（1766 年）建此殿时，有着一定的政治目的，当时，正值清廷平息了西北边疆少数民族的叛乱，统一了新疆。建造阇城和旭光阁是借助建筑手段，用华丽雄伟的艺术来显示朝廷的威严和豪华，同时也表示出一种"镇抚和宣慰"。

乾隆皇帝很佩服他的祖父康熙皇帝，遇事也喜欢仿效。乾隆三十五年（1770 年）是他六十岁生日，这使他想起了康熙六十岁那年"群藩叩祝皇祖六旬万寿，请构溥仁寺"的往事。而他在位的三十五年中，为平息边疆叛乱，确实做了不少事，维护了全国的统一，所以觉得自己有资格仿效

普陀宗乘之庙

康熙，于是下令营构新庙，这便是外八庙中最大的普陀宗乘之庙。

　　普陀宗乘之庙是仿照西藏布达拉宫的法式修建，普陀宗乘便是布达拉的汉译。寺建于山庄之北狮子沟北岸向阳山坡上，由近四十座佛殿、僧堂组成，占地 22 公顷。从山庄北望，庙沿坡随地势而上，气势雄伟、十分壮观。与以前建的几所藏传佛教寺庙不同，它没有明显中轴线，大量平顶藏式碉房随山势呈纵深自由布置，最后以主体建筑大红台收头。

　　步过最南端的五孔石桥，便到山门。门为砖石砌成的三孔拱门的城台，上建门楼，转角处又建白台式角楼，墙顶砌雉堞（zhìdié），犹如藏式城堡。进山门迎门便是一碑亭，内置乾隆御制巨碑三块，表明了建庙的前后经过。碑亭北边还有五塔门、琉璃牌坊等构成了庙的前导部分。过五塔门和牌坊后地势渐渐升高，沿山坡散落着三十余座白塔、僧房、五塔白台和单塔白台等藏式建筑，形成略成矩形的极自由变化的平面布局。透过这些形姿多变的建筑北望，正中耸立着醒目巍峨的大红台。

大红台充分利用了地形，与布达拉宫一样，在外观上参差错落，富有变化，与山形结合很好。台分两部分，下面是大白台，高近18米，使用花岗石和砖砌筑。壁面开三层深紫色盲窗，红白相间、色彩鲜明。大白台上立着高25米的大红台，在红台的中心线上，从下到上设有佛龛六个，均装有黄紫相间的琉璃幔帐，佛龛左右各排列窗户七层直达台顶，除最下一层为汉式矩形窗外，其余均是藏式梯形窗。整个台上宽58米，下宽59米，十分稳重庄严，背衬以蓝天更显轮廓分明。大红台的中心建筑万法归一殿隐于高处群楼之中，沿踏磴，东经洛伽胜境群楼，西经千佛阁群楼，方能到达。殿正方，宽深均为七间，重檐攒尖顶，上覆鎏金鱼鳞状

须弥福寿之庙

铜瓦。群楼上在不同的高度还筑有鎏金的八角亭和六角亭，与大殿相呼应，金光闪烁，丰富了台上建筑的立面形象。从远处观赏，高高耸立着的大台红白相间，壁面上各种装饰变幻多姿，再衬以琳琅满目的藏式台塔和苍翠的古松奇柏，使这座北国普陀圣山呈现出极为庄重肃穆的宗教气氛。

　　与普陀宗乘之庙比肩而立的是另一座仿藏传佛教寺院而建的大庙——须弥福寿之庙。乾隆四十五年（1780 年），为了迎接大活佛班禅来承德参加皇帝七十岁寿辰的大典，建此庙以作班禅的行宫，因此寺庙建筑的形制也模仿班禅驻锡的日喀则扎什伦布寺。须弥福寿就是藏语扎什伦布的汉意。庙的总体布局有一条南北中轴线，但建筑只沿纵深作均衡式布置，不作绝对对称，主体建筑大红台位于山脚下，处于全寺的中心部位。

　　须弥福寿之庙的前部基本与普陀宗乘之庙相同，也是五孔石桥、山门、碑亭、琉璃牌坊等。它最华丽庄严的建筑是大红台和上面的妙高庄严殿。大红台以藏式碉楼建筑为基本骨架，但又加入了汉式建筑的意味。它的平面呈"回"字形，四周外墙壁面上有窗三层，每层东西侧各十三间，南北各十一间。窗没有采用藏式梯形，而是长方形，有窗扇两扇，窗头上浮嵌琉璃垂花门头。三层之上为藏式平顶，内外

须弥福寿之庙的妙高庄严殿金顶

均有女儿墙，四角有小殿。在碉楼围成的方形庭院的正中，耸立着高大的三层佛殿——妙高庄严殿，因为高大，所以它的重檐鎏金殿顶要远远突出在四周的碉楼之上。大殿平面为正方形，宽深皆七间，殿高三层，上下贯通。金顶瓦片为鱼鳞状，攒尖顶的四条斜脊则为波状，每条斜脊的两端各有一条形态生动的巨大鎏金黄龙。上面四条昂首探向中央的钟形宝顶，下端四条则游出檐口，八条金龙栩栩如生点缀在殿顶之上，是我国古建筑屋顶形制中的绝观。

外八庙中，保存较为完好的还有溥仁寺、安远庙、殊象寺。外八庙现存的这七座寺院虽然各有所仿，但从布局到建筑单体，仍然经过了匠意的创作，在技术和艺术上都取得了辉煌的成就，是汉、满、蒙、藏等各民族佛教建筑艺术的一次大交流、大检阅。

道教宫观拾奇趣

与佛寺相比，道教建筑的门类要复杂得多。除了正统的道教宫观，还有许多本来带有纪念性的祭祀建筑也被归入其中。例如关帝庙，在古代中国差不多每村每镇必建，是和龙王庙一样的普及性庙宇。但它所供奉的关羽原本只是三国蜀汉的一个将军，直到宋以后才被加上"协天大帝""忠义神武大帝"等桂冠，封作神仙而送入道教之门。再如土地庙、城隍庙，其实与正规道教也没有多大关系，但它们却由道士管理。在封建社会，凡是供奉神仙或者神仙化了的古代圣贤英雄的庙宇，基本上都由道士主持。在明清时，连皇帝祭天的天坛都是道士管理，并在内设了神乐署作为道士活动之处。从这方面看，道教建筑和祭祀性坛庙的界限是不很明确的，只能约定俗成地粗略分一下。

永乐宫是我国目前保存最完好的一座元代建筑，它是正统全真派道教的宫观。这座以壁画著称的古代建筑是1952年古建筑普查时才发现的，位于山西西南隅永济市黄河北岸的永乐镇。1959年因三门峡水库工程，将建筑连同壁画一起搬到芮城县北边的卫国故城遗址龙泉村重建，开创了我国整体搬迁保护古代珍贵建筑的先例。

永济市永乐镇相传是道教"仙师"吕洞宾的故乡，在唐代就建有吕公祠。元代时，道教受统治者的扶植，非常兴盛，大纯阳万寿宫就是在这一时代背景下于中统三年（1262年）大体完成。整个建筑群的规划很是别致：沿轴线布置了宫门、无极门（龙虎殿）、三清殿、纯阳殿、重阳殿。三清殿是宫内主殿，体量最大，位置也最靠前。三清殿和无极门之间有一个很长的院落，这种布局与一般宫观主殿在后的做法不同，而与宫殿设置倒很类似。在这一狭长的建筑序列外，包筑了围墙，其他所有附属建筑均排在院落之外另成区域，由此来突出主宫的位置。在建筑结构上，为了不妨碍壁画的观赏，采用了辽金殿堂的"减柱法"，增大了室内空间。有些构件的形制与宋人所著《营造法式》中的记载颇为一

山西永乐宫三清殿

致，殿堂外观庄重古朴、比例适度。

永乐宫建筑的最大特色是各大殿都保留了完整的元代壁画，共有 960 平方米。三清殿和纯阳殿内的壁画尤为精美。三清殿画的是三百多个值日神像，其中有神情庄重的帝君，也有拈花微笑的玉女，姿态神情无不栩栩如生，是全国元代壁画中最精彩的一幅。其中有不少描绘当时的建筑和人们生活的场景，是研究元代历史的珍贵资料。

佛寺建筑有座悬空寺，道教宫观中也有座"悬吊庙"，这就是河北涉县凤凰山上的娲皇宫。宫观的历史渊源颇长，

河北娲皇宫

现存建筑是明清时所构。宫共有四组建筑，山下有朝元宫（已毁），坡道上有停骖宫和广生宫，然后向上绕行十八盘，才到达娲皇宫，俗称奶奶顶。此地传为女娲补天之处。娲皇宫依势建在山势陡峭的山腰。在劈削出的紧靠绝壁的狭长平台上，置立着奶奶阁、梳妆楼、迎爽楼、钟鼓楼、六角亭等殿楼，布局紧凑合理，气势不凡。奶奶阁坐北朝南，背靠百尺绝壁，是娲皇宫的主体。殿是歇山式琉璃瓦顶的四层楼阁。高23米。阁的建造十分奇巧，二层至四层的东西南三面均设回廊，因阁高体大，为保证其稳定，在北边山崖上凿有八个"拴马鼻"，挂下数条铁链将阁体与山壁连在一起，每当阁内人多荷重增大，铁链即会绷紧。当地人都称其为"吊庙"。奶奶阁层檐重叠、琉璃闪光、雕梁画栋，犹如玉宇琼楼嵌于绝壁之上，甚为雄伟壮观。

五岳名山，历来是道教的天下，各岳的山麓都建有很正规的"山庙"。其实，远在道教正式诞生之前，帝王对五岳的祭祀（也称封禅）一直在进行，如秦汉时泰山下就建有古明堂。后来道教兴盛，对这些祭祀建筑的管理就转交给道士了。然而帝王对五岳庙的建设一直很重视，因为这象征着他们对中原、对全国的统治，也常常派遣大臣去扫祭。现存的岳庙中，以泰山岱庙和嵩山中岳庙最为宏大壮观。

中岳庙位于河南登封嵩山太室山南麓黄盖峰下，它的前身为始建于秦代的太室祠，西汉元封年间，汉武帝游嵩山时令祠官加以扩建，并且以后历代均要重修。中岳庙现存的总体规模和单体建筑基本上是按清乾隆年间的"钦修中岳庙图"构建的，是盛清的遗物。

中岳庙规模很大，是河南现存最大的寺庙建筑群。整个布局按照传统正规殿廷的组合方式，用门、殿、牌坊等组

成一个又一个的院落，最后才到达正殿。从最南边的中华门起，沿着一条贯穿南北的中轴线，排列着遥参亭、天中阁、配天作镇坊、崇圣门、化三门、峻极门、嵩高峻极坊、中岳大殿、寝殿和御书楼，共十一进院落。最后轴线飞越过庙后的山岭，直上古代祭祀中岳的黄盖峰上的黄盖亭，延绵有六公里之遥。将自然的山峦与大型建筑在规划上考虑得如此周到，也堪称是一种奇观了。

"飞甍映日，杰阁联云"，这是古代文人对中岳庙的描

河南登封中岳庙

绘，现在这种气势不凡的群体面貌还基本保留着，庙内共存楼、阁、殿、宫、台、廊等建筑四百余间。其中前段轴线上的天中阁最为威武宏壮。天中阁原为中岳庙大门，当时称为黄中楼，明嘉靖年间改建为阁。这是一座重檐歇山顶的门楼式建筑，红墙黄瓦，挺立在成行的古柏中间，分外壮丽。中岳大殿是庙的主殿，为面阔九间、进深五间的重檐庑殿顶建筑，下筑有很高的台基，殿前有宽敞的月台，四周围以汉白玉栏杆，表明了这座大殿的等级。此外，庙内还保留了唐宋时栽植的古柏三十余株，金属铸器和石刻碑碣一百多座。在崇圣门东北的神库四隅，还立着北宋时铸造的四个大铁人。铁人高三米余，振臂握拳、怒目挺胸，极为威武雄健。在庙前还立着刀法古拙豪放的汉代石刻——石翁仲。沿着轴线向南，中华门外远处还立着著名的汉阙——太室阙。这些建筑小品和古树，极大地烘托出中岳庙的庄严气氛。

"天下关庙数解州，解州庙头数春秋楼"，这是流传在晋南的两句民谣。解州是关老爷的诞生之地，这里的关帝庙就像曲阜孔庙一样，成为全国之最。传说当年曹操为了报关羽华容道不杀之恩，在这里盖了座小庙，那么，这大概也是全国最早的关庙了。现存的建筑是清康熙年间重修的，总体布局尊重传统，中心对称、层次分明、急缓相间、雍容大方。庙宇基本可分成南北两区，南部是园林，是模仿当年刘、关、张在涿郡结义的桃园修建的，称为结义园。园北边便是正规庙堂建筑，它又分成前殿后宫两部分。前殿依次为端门、雉门、午门、御书楼、崇宁殿。后宫的中心是春秋楼，前有"气肃千秋"木牌坊、左有刀楼、右有印楼，这种布局格式和名称，倒很有点宫殿的味道了。

关庙后寝的主建筑春秋楼最为雄健奇巧。楼宽七间，进深六间，上下两层，顶层做重檐歇山式屋顶，上覆绿色琉璃瓦。楼下有较高的台座，总高度达33米，是关庙中最高的建筑。春秋楼的木结构系统和一般楼阁不同，它二层回廊上的二十六根柱子并不和下层的廊柱相接，而是落在垂莲柱上；垂莲柱悬起，应用杠杆原理，用木构件牵搭承挑，将力传借到内柱上，成为一圈吊柱式回廊。从下层往上看，那虚悬的朵朵垂莲，给人一种楼阁仿佛不是从地上建造起来，而是从天而降的观感，古代匠人的大胆构思着实令人钦佩。

除了这些内容较为单一、建筑较为规正的庙宇之外，我国古代还有一些供奉内容复杂的综合性祠庙，太原西南悬瓮山下的晋祠便是著名的一座。

山西太原晋祠圣母殿

晋祠圣母殿和鱼沼飞梁模型

晋祠原来是为纪念西周开国之君武王次子唐叔虞（第一个分封于晋的诸侯）而建的祠。照例它应该归属到宗庙一类的建筑中去。但可能因为此处是晋水发源地，风水绝佳，这里的纪念性建筑群中竟然混入了关帝庙、东岳祠、文昌宫、三圣祠、水母楼、老君洞、圣母殿等建筑，供奉的神像有男有女、有文有武，成为道教的一所综合性祠庙。因此，晋祠在总体布局上也各行其是，较为自由随意，但各组建筑又有明显的轴线，形成自然与规则相结合的独特风貌，在宗教建筑中是较少见的。晋祠有三绝，一是长流不息的难老泉；二是至今还郁郁葱葱的周柏隋槐；三便是北宋古构圣母殿。

北宋天圣年间，唐叔虞被追封为汾东王，并在祠内西北隅为其母姜邑建造了规模宏大的圣母殿。由于结构坚固，这所大殿经受了多次地震考验，挺立到现在。大殿面宽七间，进深六间，平面近方形。殿基依山崖而作，恰在晋水第二源头之上。殿四周围廊，前廊深两间，很是宽敞明亮，与幽暗神秘的室内正成对比。殿前廊柱上，雕有盘龙八条，是我国现存最古老的木雕龙柱。殿身四周廊柱均微微向内倾斜，角柱也升高，具有宋代建筑特有的"升起"和"侧脚"。因此屋檐弧度很大，增强了建筑的稳定性，也造成了它重檐歇顶富有魅力的曲线美风姿。柱上斗拱硕大，承托着深远翼出的屋檐；斗拱形制多样，各就其位，拱上置的梁架粗大古朴，不施装饰和雕刻。殿顶的正脊、斜脊和四周均用黄绿色琉璃剪边。所有这些部件协同构成了殿宇富丽庄重的个性风格。

一般庙宇正殿前均有较宽敞的月台，而圣母殿前正是晋水源头，是祠内精华所在，当然不能填土筑台。古代匠师巧妙地利用水来烘托建筑，把殿前的流水进一步疏通开阔，凿成一个近乎方形的水池。在池上架起十字相交的木构桥梁，这就是有名的飞梁。由圣母殿前廊下台阶三级，便是飞梁的主桥，桥面水平，跨水到对岸。在池正中有副桥从两侧坡上相接，主次很是明显。飞梁实际上是架空在明净水面上的月台，有很强的引导作用。方池四周和飞桥正次桥面均有古朴的栏杆沟通，远远看去，整个桥面似是展翼而飞，煞是好看。月台本是大殿不可分割的部分，圣母殿有机地处理了月台与泉水的关系，使大体量的建筑显得轻巧玲珑，与周围环境融合在一起，实在是匠心独运的杰作。

第三章

佛塔种种

塔是我国佛教建筑中的一个特殊类型，在留存至今的古建奇构中，佛塔占了相当的比重。与构图严谨、有条有序铺陈排列的传统木构建筑群体相比，塔那高耸突兀、向上发展直插云天的艺术形象具有非常鲜明的个性，也成为了我国普遍存在的传统建筑艺术品。今天，屹立在大江南北、内地边陲的塔不知有多少！其中有许多已经成为著名的古迹名胜，吸引人们前去观光欣赏。然而不管塔的形姿、高低、大小如何变化，它们都是从印度传过来的。

东汉以前，我国本没有塔，随着佛教的传入，塔也加入了我国建筑的行列。"塔"是梵文"Stupa"或巴利文"Thūpo"的音译，在古代佛经中被译为"窣堵坡"或"塔婆"。印度的塔原是掩埋佛骨的一种坟墓的形式。当年佛祖释迦牟尼圆寂之后，弟子取其肉体焚化后的舍利子，葬为"窣堵坡"，也就是后来的舍利塔以作供奉。早期的窣堵坡是一个半圆形的坟丘，"其下建有基坛，顶上有诃密迦，在塔周围一定距离处建有石质的栏楯……"所谓的"诃密迦"，就是一些圆形的装饰，也就是后来所称的"相轮"等。古印度还有一种安放高僧舍利的方法：在石窟或地下灵堂中建塔柱——拉高了的"窣堵坡"，僧侣们围着塔柱念经礼佛，称为"支提窟"。而这些印度式的塔来到中土之后，形式渐渐起了很大的变化。

首先，塔由低的一层圆丘向高处发展了。这大概是受到汉时流行建高观楼阁习惯的影响。在当时人们看来，塔本身就是宗庙的一种形式，《魏书·释老志》云："塔，犹言宗庙也，故世称塔庙。"而当时宗庙、明堂一类的建筑都很高大，尚留有高台建筑物影响。其次，用木结构建造的塔越来越多。木结构高台技术在汉时已渐趋成熟，并且用木是我国的传统。据记载，当时的寺院均建有木塔。但像三国时笮融在徐州建寺便以塔为中心，顶上"垂铜槃九重，下为重楼阁道"，已经将印度的塔和木构楼阁结合起来了。只不过因为木构塔易坏，故现存的早期的塔均为砖石结构。寺以塔为中心，僧侣可围着塔做佛事，这还多少受了"支提窟"的影响。后来，塔的位置让位于供奉佛像的大殿，甚至于脱离寺院而单独建塔，塔身上蕴含的佛性渐渐淡化了。在这同时，人们又渐渐地以世俗的眼光去看待塔，用人性去融化它的佛性，使原先神圣的宗教建筑越来越多地表现出世俗的趣味。

当你在美丽的西子湖泛舟，看到北边宝石山上耸立着的宝俶塔那苗条清秀的倩影，多半不会联想起殿堂中踞坐着的佛祖；同样，当你爬上西安大雁塔第七层，俯身下望眼前八百里秦川风光时，也不大会去念"苦海无边，回头是岸"的经典。毕竟就连一千多年前的唐朝，进士金榜题名后，也要酣游曲江，雁塔题咏。在许多风景名胜地，塔点缀风景，供人登临凭眺的功用要明显盖过内涵的佛性。

塔还以它特有的形象丰富了古代文学艺术的内容。就说传统戏曲吧，《白蛇传》中的西湖雷峰塔，《西厢记》中的蒲州普救寺塔，《法门寺》中扶风法门寺塔……古往今来，有多少文学家以塔为背景写下了一个个脍炙人口的故事。

在世俗生活中，塔还具有许多别的功能：在江南水乡平川孤高耸天的塔几乎成为每一座城镇的标志；在浙闽一带沿海，陆地上直插蓝天的塔又是一座别具风姿的指引航向的"灯塔"；更有意思的是古代文人因塔的形象特征像笔，而将塔从佛陀那里借来，大建文峰塔，以期科举高中，所谓"浮屠尖有类于文笔，且镇固不摇，足以收摄地气"，看得出，人们将对世俗功名利禄的向往也和塔联系起来。因此，中国的古塔既内含了宗教崇拜的佛性意味，更洋溢着世俗人情的诗意光辉。

千古绝唱的高层木构

在中国古代建筑史上，木塔曾经有过一个非常辉煌的时期，那是在佛教传入中国后不久的魏晋南北朝。当时佛教极为兴盛，各处均大建佛寺，仅北魏洛阳一地便有寺一千三百余所。这些寺，每每以塔为中心，而塔又多为方形楼阁式的木塔，由此可推测当时木塔的数量之大。木塔不仅数量多，而且造得还很高。就以洛阳著名的永宁寺塔来说，《洛阳伽蓝记》记载它是"架木为之，举高九十丈。上有金刹复高十丈；合去地一千尺。去京师百里，已遥见之……"这一千尺当然是古人作文时的夸大，不足为信，但根据考古发掘和推算，《水经注》所记的塔高四十丈（约 100 米）则完全是有可能的。可惜这座历史上最高最大的木塔在建成后没过几十年，便失火烧毁了。《洛阳伽蓝记》中记得也颇详细："永熙三年二月，浮屠为火所烧，帝登凌云台望火……火初从第八级中平旦大发，当时雷雨晦暝，杂下霰雪。百姓道俗，咸来观火，悲哀之声，振动京邑。时有三比丘赴火而死。火经三月不灭，有火入地寻柱，周年犹有烟气。"木材容易起火，高层木塔的结构又类似烟囱，助燃力强，稍有疏忽便会酿成火灾。所以留存至今宋元以前的木塔仅应县木塔一座。

拔地擎天四面云山拱一柱，乘风步月万家灯火接云霄。

俯瞰桑干滚滚波涛萦似带，遥临恒岳苍苍岫嶂屹如屏。

这是挂在应县木塔二层和三层南门外的两副木制楹联。第一副联写出了这座古塔拔地千寻的高大雄伟形象；第二副联则描绘了木塔环境的美，恒山如屏，桑干河如带；更为引人注目的是第三层南门外所挂的巨匾"峻极神功"，竟是迁都北京的明成祖朱棣所题；而第四层南门的匾"天下奇观"，也是明朝皇帝（武宗朱厚照）的亲笔御书。一座塞外古塔，竟然引得明朝两位皇帝以及许多著名文人挥毫赞吟，还保留到现在，这的确算得上是"天下绝观"了。然而，应县木塔真正的奇并不在于此，而在于它本身奇特的构筑，在于它完整地保留了我国古代木构高层建筑的艺术和技术，在于它能历经千载风雷地震的灾难而依然挺立。

木塔位于山西应县城西北的佛宫寺内，所以其正名为佛宫寺释迦塔。塔建于辽清宁二年（1056年），迄今已近千年。佛宫寺继承了南北朝寺院布局的遗规，全寺以塔为中心，大殿在塔后。一进山门便可见木塔雄姿，当人们立于塔前空地上，仰望那雄浑古朴的塔身时，但见一层层梁枋、斗拱，一层层铺作勾栏，重重叠叠，层累而上，甚是壮观。特别是塔顶的塔刹，由砖砌的刹座和铁铸的仰莲、复钵、相轮、火焰、仰月及宝珠寺组成锐利的刹柱直刺青天，更有穿云射斗之势。塔身底下是一个分上下两层的高大台基，高四米，下层为方形，上层为八角形。两侧有石阶，阶基各角的角石上，雕有突起的石狮，共十七块，刀法古朴，应是辽代原物。木塔总高7.13米，平面作八角形，底层直径达30.27米。塔有五个明层，四个暗层，实际上是九层，底层做重檐并有回廊，所以外观为六层檐口。塔的整体比例很是匀称得当，各层檐口逐级向上缩小，且有明显的收分，虽然塔身硕大粗壮，但各层飞檐却给它添上了几分秀丽，使整个塔身于粗犷中见玲珑，古朴中具典雅。

结构系统的稳定合理也是木塔的一大特色。与唐和辽

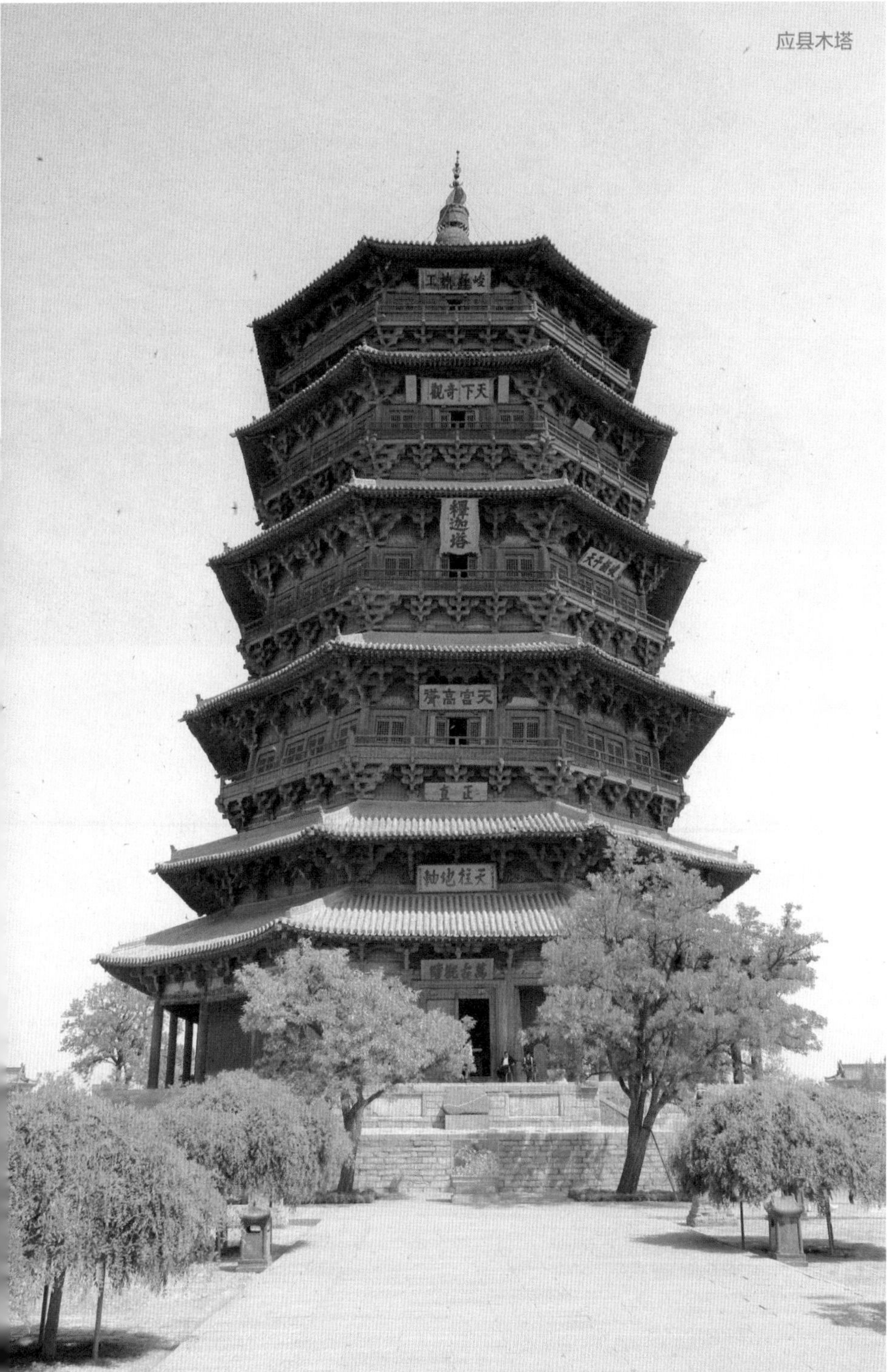

应县木塔

应县木塔的斗拱

代的其他大木结构一样，应县木塔也采用了内外槽制度。内柱八根围成的八边形的内槽；二十四个外柱组成了每边三开间的大八边形，这就是外槽。和天津独乐寺观音阁一样，每两层之间的暗层是结构层，里边有纵横交叉的支撑构件将上下两层的构架紧紧捆在一起，而这暗层又成为上一层柱的基座。实际上木塔的结构可以简化为五个单层的木构架连同它们的基座（暗层）从上到下叠起来而组成的。这也是汉魏以来的传统制度，《魏书·释老志》中记载："凡宫塔制度，犹依天竺旧状而重构之，从一级至三、五、七、九。"用内外槽的方法来重叠构架最合适，构件尺寸可以规格化，受力也合理。内、外柱柱头的梁枋横向联络，组成了一个空间的桁架体系。由于木塔体量大，结构复杂，各层的平座又要出挑，所用的斗拱多达五十余种。然而多而不繁，它们各就其位，有条不紊地将各个木构件连成一个整体，这是木塔千年不倒的最重要的原因。在艺术上，这些结构严谨、错落默契的斗拱已成了木塔那巍峨崔嵬、崛地擎天造型很重要的一部分。

全木结构的古塔硕果仅存，只此一座了，但是木檐砖身混合结构的塔还留有不少。和木塔一样，它们也有着形姿优美的木构层檐，也有着木制的平座栏杆。尽管这些塔的重量主要靠砖砌的塔身来承担，但从外表看，却甚为轻盈俏丽，和木构的楼阁式塔有许多相似之处，可算作木塔的一个变种吧。

在上海市松江和江苏常熟市内，耸立着两座造型较为类似的方塔，这便是松江兴圣教寺塔和常熟崇教兴福寺塔。这两座塔都采用砖砌塔身，外观仿木结构，平面都是方形，层数均为九级，每面都是三间，砖身内均铺木楼板，楼梯都是木梯。连外挑木檐的起翘曲线，塔刹的形制也都很相似，而且建造的年代也很接近，松江方塔建于北宋元祐年间（1086—1094），而常熟方塔建于南宋建炎四年（1130 年），上下只差数十年。两座如此相似、建在相同时期，又距离很近的古塔建筑能同时留存下来，倒也是历史的巧合。建筑史家认为，方形平面的塔是比较古老的一种制式，印度的"窣堵坡"传入中国以后，最先出现的便是方塔，南北朝的木塔大都是方的，像上文所说的永宁寺塔，也是"浮屠有四面，面有三户六窗"的巨型方塔。而到了唐中叶以后，其他形式的塔出现了，并渐渐取代了方塔。而在宋代中期所建的这两座塔竟然依旧保留了唐代方塔的制式，堪称奇迹。

上海松江方塔

松江方塔高48.5米，塔身每层向内收进一个柱径，收分明显，塔檐上带平座。佛塔的檐口、平座都有斗拱承托。整个塔身共用斗拱177朵，其中六成以上是宋代原物，具有较高的文物价值。

常熟方塔稍高，约
60余米。此塔底层处作
方形，但室内却是八角
形，四边正中辟拱门，
底层与二层之间有夹
层，夹层正中有空井与
底层空间相同，四周围
以木栏杆。二层以上又
变成方形，再上，各层
平面逐渐缩小，层高也
渐低，形成略带梳形的

常熟崇教兴福寺塔

美丽弧曲线，加上造型较别致的屋角起翘，更使这座古塔显
得非常明快娴秀。这两座古塔形制古朴，都具有强烈的江南
地区木构楼阁建筑的传统风采。

"水水山山处处明明秀秀"，江南风景好，工匠手也巧。
在古代留存下的宝塔之中，像这两座方塔那样形制古朴的确
实少见，多的是更为轻巧秀丽的八角形楼阁式木檐塔。这类
塔在江浙两省留下的实例着实不少，其中苏州的北寺塔和上

海的龙华塔形姿最美。

北寺塔原名报恩寺塔，位于苏州古城北部平门内，相传原来是三国时东吴孙权母亲吴太夫人所建，现存建筑是南宋绍兴年间建造的。塔为八面九层，总高达76米，除塔底座和外壁为砖砌，其余全部为木构，以其高度和结构而论，堪称江南第一。因为塔高，所以底层面积很大，达866平方米。塔有宽阔的外廊，廊檐出得深远。从二层始，有木制的腰檐和斗拱挑托的平座栏杆，每层层高和挑檐逐渐向内收小，给人一种很富有韵味的节奏感。顶上以高高的塔刹（约占总高的五分之一）作为收头，使塔形非常轻盈俏丽，富有一种飞动的美。

在上海南郊的黄浦江边上，还有一座古塔，这就是唐代诗人皮日休所写"不见波心塔影横"的龙华塔。这古塔要比北寺塔小得多，只有40米高，八角七层。因为塔身小，就更显得塔檐出挑得深远。龙华塔外观虽为八边形，但其室内却为方形，而更奇特的是这方形并不从底一直通到顶，而是每层依次转向45°。立面门窗也错层开设，这样既利于塔身的稳定，又丰富了外部形象，赋予古塔以轻盈活泼的造型。

利用耸立在海边江岸上的塔来指点迷津，引人行船，这是我国古塔的一大发明。据浙江《海盐县志》记述，当地海边有座资圣寺塔，"层层用四方灯点照，东海行舟者皆望此以为标的焉"。杭州钱塘江边上的六和塔，在建塔之初也周到地考虑到

上海龙华塔

这个问题。塔在江边月轮山上，正值钱江入海前的"之"字形转折处。当年吴越王钱俶建此塔时，一为镇江潮，二就是指引方向：海船夜泊者，以塔灯为指南。因此，比起北寺塔等仅供点缀风景、登临览赏的高塔来，六和塔还带有不少实用价值。

留至今日的六和塔已不是当年规模极大、拔地五十余丈约166米的原构，而是焚毁后于南宋绍兴二十三年（1153年）

杭州六和塔

重建的。古塔平面作八边形，塔身七级高 60 米，因为有重檐，外观有十三层。除砖砌塔心外，均为木构。由于四周出廊较宽，又铺有踏磴作为垂直交通，所以塔形看上去甚为雄丽，与江南地区其他砖木混合塔相比，别具风姿。每级塔心都辟有一小室，有壶形门通往外围的廊子，在底层塔心的须弥座上，砖雕有人物、花卉、鸟兽等图案，保留着很浓的宋代风格。六和塔是登临赏景的好地方，登上七级塔顶，凭栏远眺，脚下"之江"萦回如带，远处山色空蒙，仰望苍天，确实有"危楼高百尺，手可摘星辰"的深沉美感。

坚实挺拔的重楼

由于木构楼阁式塔容易引起火灾，又经不起风雨的侵蚀，加上高耸的形体易遭雷电，致使历史上大量木塔在不长时间内相继被毁。因此，隋唐以后，在兴建木塔的同时，还大力发展用砖石仿木结构的楼阁式宝塔。这种楼阁式塔，按其结构上的特征，又可以分成两类：一是以砖砌塔身或塔心，再以木结构出挑檐口和平座栏杆等，即为上面介绍的砖木混合结构的塔。但是这种塔的塔心是空的，用木材架设楼板，檐口平座等也用木制，还是很容易被火烧，因此常常要修建补檐。另一类是完全利用砖或石的加工技术，模仿木结构部件，来砌筑高层楼阁。这类塔的代表便是西安大雁塔。

"塔势如涌出，孤高耸天宫。登临出世界，磴道盘虚空。突兀压神州，峥嵘如鬼工。四角碍白日，七层摩苍穹……"这是唐代诗人岑参在《与高适薛据同登慈恩寺浮图》一诗中所写的大雁塔之雄浑气势。大雁塔位于唐长安城内东南晋昌坊的慈恩寺中，故又称慈恩寺塔。当时，塔与寺东的曲江池、芙蓉苑，寺南的杏园等组成了长安南部一个范围很大的游览区，成为都城士子淑女郊游的最佳去处。按当时的习惯，每科进士及第的士子，通常先去杏园饮宴，然后再去大雁塔题名留念。所以"雁塔题名"成了唐代知识分子非常荣耀的一件事。白居易在二十七岁考中进士后，在游乐曲江时也得意地高唱"慈恩塔下题名处，十七人中最少年"，于是大雁塔的名声也越来越响。直到明代，陕西一带科举考试及第的举人还要效法唐风在塔下题名留念。

慈恩寺是唐高宗李治做太子时，为纪念他死去的母亲文德皇后所建的，据《大慈恩寺三藏法师传》说，此寺规模极大，"重楼复殿，云阁洞房，凡十余院，总一千八百九十七

陕西西安大雁塔

间"。相传唐代著名画家吴道子、尹琳、阎立本、王维等均在寺内作过壁画。在慈恩寺建成以后四年多，当时在寺内译经的一代高僧玄奘为了"奉安"他从印度带来的佛经梵文原本，奏请建造佛塔，于是唐高宗永徽三年（652 年），在大

寺内修建了这座塔。据称，塔由玄奘亲自设计并主持施工，塔表面为砖，中心是土，高五层，玄奘将他从印度带回的经卷和佛像全藏在塔中。玄奘在佛学和译经上是一代宗师，但在建筑工程方面却并不在行。他造的塔仅过了四五十年便逐渐坍塌了。于是在武则天长安年间（701—704）又拆除改建，全部用砖砌筑。岑参、高适所题名的塔大概就是这座，从诗中所写的"四角""七层"等描绘来看，似乎与今天的形制出入不大，可能后来修缮时还比较注意忠实于原样。

大雁塔平面作方形，是唐代最流行的形制，底层每边长25米，总高约64米，为仿木结构的七层砖塔，各层墙上均有部分突出在墙外的隐柱和用砖雕成的斗拱、栏额及塔檐，檐四角还悬挂铁铎，在风中叮当作响。隐柱将墙面划成一个个开间，自下而上，间数逐渐减少，宽度也渐缩小，第一、二层，每面十柱九间；第三、四层，每面八柱七间，顶上三层为六柱五间，这样的缩减使塔成为一个四方的锥形，极为稳重雄壮。在四面正中，各辟一砖券门洞，以供向外眺望。底层由南塔门入内，顺着盘旋而上的楼梯，可以登到塔顶。放眼四望，南边是翠屏一般的终南山，北方烟云中隐约可见东流的渭河，多少还能体会出当年士子们描绘的"渭水寒光摇藻井，玉峰晴色上朱阑"的赏景情趣。

还要说一说这座塔的两块碑。玄奘在取经回来之后，很得大唐皇帝的器重。他在慈恩寺翻译佛经的工作也得到了唐太宗的支持，太宗为译成汉文的经撰写了《大唐三藏圣教序》，太子李治则作了《大唐皇帝述三藏圣教序记》一文。公元653年，著名书法家褚遂良将这两篇文章抄写，并刻碑立于大雁塔下南壁左右券洞内，一千多年来一直立于此处。西侧的碑文从右读向左，而东侧的碑文由左读向右，二碑以塔为中心，东西对应，这种特殊安排说明两碑是专为此塔刻写的。另外塔身底层四面门洞的青石门楣、门框、门槛上满布了唐代的线刻画，蔓草飘风、云龙飞舞。特别是西边门楣上的佛教建筑图，流利工整、细致入微，是现存唐代线刻画的精品，也是研究当时建筑艺术不可多得的资料。

玄奘于唐高宗麟德元年（664年）圆寂，起初葬于西安东郊白鹿原，五年后，迁葬至南郊少陵原，并为他造塔建寺。此塔一直保留到现在，成为唐代以砖代木、仿楼阁式塔的又一珍品。因后来唐肃宗李亨游历该寺时，题"兴教"两字作为塔额，所以寺与塔都以"兴教"为名，但人们还是习惯称其为玄奘塔。

兴教塔

　　兴教塔位于城南杜曲东少陵的半坡上，同终南山遥遥相对，这里青山连脉、绿树交柯、地高气爽、风光如绘，确实为玄奘及他的许多弟子找到了一个理想的长眠之处。塔平面亦作正方，直接起于平地，没有基座。底边每边长 5.2 米，全高 21 米。底层塔身的外壁上没有任何装饰，只在南边开一个拱券门，里边是一个方室，供玄奘塑像。以上各层均为实心，但外壁有八角形倚柱隐起，每面四柱三间，并逐层向内收分。各层檐口的做法很有特色：一是檐口向外出挑的重叠的砖（叠涩砖）有十一层之多，第一、三层挑砖又砌出菱角牙子，使人感觉各层檐口出挑十分深远又富于变化。其次，檐下的塔壁上都隐砌出仿木结构的斗拱和梁枋，使砖砌的塔壁呈现出一种木结构建筑特有的精巧和秀丽，这在其他砖塔上是很少见到的。

玄奘是我国佛教法相宗的创始人，在其墓塔两边还立着他两个得意弟子——窥基和圆测的墓塔。因为是皇帝下令修筑的，所以玄奘塔是历史上历代高僧墓塔中最壮观的一座，它那匀称的比例、端庄的姿态，一直为世人所赞美。

到了宋朝，由于疆域的缩小、国力的衰弱，再加上商业经济的发展，人们的审美趣味渐渐从唐代的恢宏壮阔向洒脱轻快、刻画细腻的方向发展。唐代那种简洁明朗、保留古代楼阁建筑余意的方塔，也慢慢地被富有装饰意味的八角形宝塔所代替。除了审美观念上的差异，八角形高层佛塔在抗受地震、扩大视野、杀减风力、增加稳定等方面也要比方塔优越不少。在科学知识、施工技术更加完备的宋代，这样的替代是不可避免的。我国目前最高的佛塔——河北定州开元寺塔就是一座保留了些许唐风的八角形砖砌楼阁式塔。

北宋咸平四年（1001 年）僧人会能去天竺求经，并取回舍利子。为了供奉这不可多得的圣物，会能广为化缘，筹建佛塔。到仁宗至和二年（1055 年），佛塔终于落成。塔高

河北定州开元寺塔

84.20 米，在三五十里之遥都能看到它的身影，这也成为定州的重要标志。当时，正值宋辽间战争最激烈之际，定州又位处前沿，宋朝军队为防御契丹部队的入侵，经常利用此塔瞭望敌情，因此开元寺塔反倒以瞭敌塔之名传遍冀北。

　　塔平面作正八边形，底层每边长约 10 米。塔的正中有一个正八边形的塔心，外壁和塔心之间，是一个将近 2 米宽的阶梯回廊，回廊依靠外壁和塔心挑出的砖制斗拱承托。整个塔实际上是在塔心之外再套了一座外壳。塔立面为十一层楼阁形式，各正方向壁面均开有一门，各层檐口也用叠涩砖挑出，檐上加高做成台式的平座。整个塔身高大雄伟，节奏简单，没有多余的装饰，就好像是一个整装待发、刚健利落的士兵，质朴而又庄重，仍然保留有唐代砖砌楼阁式塔的风姿。

　　与开元寺塔高大挺拔的风姿正好相反的是开封繁塔。繁塔只有三层，平面作正六边形，每边宽达 14.1 米，总高却只有 30 米，在三层楼阁的顶上又建有一座小塔，犹如在特大号的西瓜皮帽上绣了细小的一个顶子，呈现出一副滑稽相，在我国古塔之中别具一格。其实，在宋代，这里是一座高九级的凌云巨塔，名叫兴慈塔，曾有人以"台高地迥出半天，瞭见皇都十里春"来赞美它。后来经战争、雷击，再加上朱元璋为了压制开封的"王气"，进行人为的破坏，塔只余下三层，清代又加上了一座小塔，使塔变成这副粗壮、诙谐的

河南开封繁塔

模样。然而就像珍贵的错版邮票那样，繁塔特殊的风格也为我国的古塔园地增添了一枝奇花。

如果在砖砌楼阁式塔身外边贴上琉璃，就成了琉璃塔。这是宋代佛塔建筑的创造，反映了当时建筑追求华丽精美的时代风尚。开封祐国寺铁塔就是留存至今的一座砖砌楼阁式琉璃塔。这座塔的前身就是宋都汴梁最出名的开宝寺塔，塔高十一级，拔地五十丈（约 167 米），是我国古建筑史上仅次于北魏永宁寺塔的高层木塔，由著名匠师喻皓设计建造。因为开封多西风，在建造之初故意将塔稍微向西北倾斜。喻皓估计七十年后塔方可吹正，并预测此塔寿命可达七百年。这种奇巧的匠心构思是我国也是世界古建筑史上绝无仅有的。但可惜塔建成后不过五十五年，就毁于雷火。塔损毁五年后的皇祐元年（1049 年），皇帝下诏在原址改建砖塔，这就是今天的琉璃塔。塔平面仍为八角，檐虽然增加二层为十三层，但高度却降为 54.66 米，比文献中最初的开宝寺塔要矮去一半还多。

祐国寺塔的外观完全仿木构，外贴铁褐色琉璃面砖，故名"铁塔"。塔身上各种不同尺寸的柱、椽、枋以及斗拱、平座等构件，只用了二十八种型号的砖，宋代建筑这种预制

河南开封铁塔

装配构件高度标准化的成就，着实令人惊叹！而琉璃砖上的花饰图案，如飞天、狮子等却一点不呆板，共有五十余种之多，它代表着宋代琉璃烧制技术的水平。总之，铁塔无论是建造技术还是装饰艺术都称得上是高层砖塔中的杰作。

单种颜色的琉璃塔庄重协调，但似乎单调些，要是塔身贴上五彩琉璃砖，在阳光照耀下，真可谓五彩缤纷、琳琅满目了。山西洪洞县上广胜寺的飞虹塔便是这样的多彩宝塔。这座琉璃塔建于明正德十年（1515年），塔为八角十三级，高47米，外轮廓呈略带曲线的圆锥形，是国内最高大、最完整的一座琉璃塔，其琉璃砖雕艺术水平更高。

此塔外表的琉璃砖主要是黄、绿、蓝三种颜色，但由

开封铁塔的琉璃装饰

山西洪洞飞虹塔

于色调深浅不同、浓淡迥异，远远望去竟变得五光十色、异彩纷呈。黄的有橘黄、米黄、鸭蛋黄，绿的有翠绿、鹦鹉绿，蓝的有海蓝、孔雀蓝等。这些颜色互衬互映，使人目迷心眩、蔚为叹奇。塔犹如七彩缤纷的雨后彩虹那般艳丽，因此叫飞虹塔。除了色彩的美，塔外表还装点着许多雕塑艺术品，其艺术形象相当丰富，穷极工巧、绝不雷同：有威武雄健的力士，有云烟萦绕的楼阁，有慈眉善目的佛祖，有端庄的菩萨。这些构件，有的是浮雕，有的是悬塑，一款一式都精雕细镂，把琉璃塔装饰得美轮美奂、玲珑剔透。

　　砖塔之外，还有用石仿木构楼阁来建塔。福建泉州开元寺双塔就是用石仿木塔的典型。这两座塔现在东西相对而

福建泉州开元寺镇国塔

立在泉州开元寺内，东塔叫镇国塔，西塔叫仁寿塔。它们并不是一开始就用石建，而是经历了由木塔到砖塔，最后才在南宋年间先后被改为石塔。双塔的平面、立面和形制均很相似，都为正八角形五层楼阁式塔。东塔高 48.2 米，西塔高 44 米。双塔均忠实地模仿了木楼阁的式样，塔檐出挑并起翘，塔身每个面都作四柱三间式，各层带有平座，壁面和平座斗拱等雕刻均很精细，惟妙惟肖地再现了南方木构楼阁的风貌，反映了当时工匠的石作技术之高超。

最后还要说说被誉为中国的比萨斜塔的虎丘塔。当你来到苏州虎丘山，拾级而上，就会看到一座苍古、挺拔的砖塔耸立在山巅，这就是建于五代周显德六年（959 年）的江南第一古塔——苏州虎丘云岩寺塔。虎丘塔原来也和江南其他佛塔一样，有着轻巧翼然的腰檐，有着高耸入云的塔刹，外形犹如木构高层楼阁那样秀丽。然而，从南宋到清代的近千年中，这座古塔曾七次遭受火灾，现在只剩下这光秃秃的砖身了。但历尽艰险而不倒的塔身反而要比那些装修一新的木檐塔更具有时间价值，更富含着深沉古雅的美。

虎丘塔的另一奇是它的倾斜。由于地基的沉降，这座古塔很早就发生了倾斜。据记载，明代时曾设法纠正过一次，但塔仍然一点点地向偏北方向倾侧。据测量，现在塔顶偏离塔底中心线已达 4 米，如果算上已倒塌的塔刹高度，那么它的倾斜度已可与著名的意大利比萨斜塔媲美。新中国成立

虎丘塔

后，经古建筑专家的多次会诊，对古塔进行了基础加固等处理，已基本阻止了塔身的继续倾斜。今天，这座古老的八角七级、高47米的砖塔已成为苏州市的标志，深得人们的喜爱。

密檐层层接云天

密檐式砖塔是我国古代高层砖石塔的又一种类型，也是楼阁式木塔向砖石塔发展的一个分支，只不过在转变的过程中，因不断受到当时从天竺传来的圆形尖锥华盖或塔龛等形式的影响，较多地表现出一些异国情调。密檐塔的主要特点是第一层塔身特别高大，在上面开有门窗和佛龛，并装饰有佛像及其他宗教雕刻。而在一层以上每层之间的距离压得很近，塔檐一层接一层紧密相连，好似建筑上的重檐。由于收分的缘故，这些檐口一层比一层小，渐渐指向蓝天，具有很强的艺术感染力。

河南登封中岳嵩山南麓的嵩岳寺塔是密檐式佛塔中最古老、最别致、异国情调最浓的一座。塔建于北魏正光四年（523年），平面形式为接近圆形的正十二边形，显然建塔时受到天竺佛教建筑较大的影响。而当时社会上对佛教的热情，也使得此塔的设计者敢于冲破主流方形楼阁的形制，创造出我国历史上唯一的十二边形佛塔。塔身第一层特别高，中间又用叠涩砖线分成上下两段。下段除四个正方向开

嵩岳寺塔

有半圆形拱券门洞之外，别无其他装饰。这些门洞冲破挑砖的腰线直通上段，在上段，其券面砌成浮雕式的火焰券，券角又有向外翻的涡券。其余八面正中砌成突出壁面的单层小方塔，塔中心部位亦开有火焰券小窗，窗下设两个扁菱形的龛，各嵌一个砖雕狮子。十二边的每个角上还砌有带柱帽和柱基的倚柱。这些券、窗、龛、柱等装饰，都带有明显的天竺风格，与素净古朴的下段形成鲜明的对比。一层上面，是密密匝匝用叠涩砖挑出的檐口，共有十五层，层层密檐向内收进，形成刚劲有力的抛物线外轮廓。密檐上部，以缩小了的印度式窣堵坡作为塔刹基座，那上面的七层相轮和圆形宝珠与塔檐的抛物线轮廓配合得十分协调。

嵩岳寺塔采用砖壁空心筒体结构，塔内有一个上下贯通的八边形塔室，其上部还有九层叠涩砖挑内檐。这些技术措施保证了高 41 米的古塔在一千四百多年内经受住了各种考验，屹立在名山丛林之中。因此，不仅在艺术上，而且在技术上，它都是我国和世界古代建筑史上的一件珍品。

到了唐代，密檐式塔渐渐多起来了，不过此时的塔受木构楼阁式塔的影响，平面都作方形，外来风格的装饰也明显少了。当时长安城内与大雁塔齐名的小雁塔就是其中的一座。

小雁塔是唐中宗景龙元年（707年）大修荐福寺时建造的，又名荐福寺塔。塔四方，底层每边长 11.38 米，在高大的一层塔身上，叠着十五层密檐，但因地震坍去两层，现为十三层，高约 45 米。佛塔的壁面上，除了半圆形的拱门外，别无装饰，予人以一种素净的美。每层塔身的宽度自下而上逐层收进，使塔身外轮廓成为两条向心的弧状抛物线，非常俊俏柔和。古时，小雁塔是长安著名的风景名胜，去曲江和大雁塔游玩的士人百姓，往往会顺道到此一游。后来又从别处迁来一口大钟，那洪亮的钟声和着秀丽的古塔构成了著名的长安八景之一——雁塔晨钟，引来无数诗客的青睐，吟出了诸如"枕上一声残梦醒，千秋胜迹

小雁塔

总苍茫"这样略带伤感的诗句。

"胜地标三塔，浮屠秘鬼工。"在祖国的西南边陲，云南大理城北，有三座古塔鼎足而立，撑天柱地，十分雄浑壮丽。三塔背靠着雪峦万仞、镂银洒翠的点苍山，俯瞰着波涛万顷、横练蓄黛的洱海，已成为苍洱之间的著名胜景之一。三塔原来是屹立在号称有"百厦千佛"、规模宏大的崇圣寺山门面前，因地震与兵火的摧残，寺宇早已荡然无存，唯这三座古塔安然兀立，与山水共存。

三塔中间的主塔名千寻塔，是和小雁塔形制相同的方形密檐式佛塔，建造年代比小雁塔稍晚，约在唐中叶的九世纪。京师名塔的制式能如此快地传到边陲地区的荒蛮属国，反映了唐帝国和附属国之间文化交流的迅速。唐初，洱海四周有六个"乌蛮"部落群雄割据，长期"争战不已"。唐王朝为了打通由四川经洱海、永昌到缅甸、印度的通路，一直想收服这些部落。后来蒙舍诏首领皮逻阁在唐的扶植下破其余五诏而统一了大理地区，他也被册封为云南王，这便是历史上的南诏国时代。此后大理进入了快速发展时期，并于公元764年建成了大理城，成为南诏国及后来大理国的首府。于是在城北大兴土木，建造了当地最大的佛寺——崇圣寺。

由于交通的畅达，内地的建筑格式、工匠和技术也传到了南诏。因此，千寻塔是边疆各族百姓共同创造的文化遗产，也是云南和内地文化交流的历史见证。

千寻塔平面正方，底层每边长近 10 米，塔身总高为 59.4 米，加台基和塔刹约 70 米，塔身宽为高的六分之一，显得很是苗条。塔身第一层高 12.04 米，二层以上骤变低矮，层高仅 66～110 厘米，很紧密地排着十六层檐口，这是我国现存古塔中级数最多的佛塔。我国古来就有崇尚阳数（单数）的传统，因此建筑的间数、塔的层数几乎均是单数，而千寻塔的十六层的确是"史无前例"的，可能当时的白族工匠还没有接受中原汉人的崇阳思想吧。檐口为叠涩砖出挑，比较深远，在满涂白灰泥的塔身上留下了宽厚的阴影。每个壁面的正中均有一个供佛像的小壁龛，这样更增加了出檐的深度和立体透视感，突出了佛塔的高耸和秀丽。

当年崇圣寺的中心线正对千寻塔，在主塔以西，一南一北立着两座较小的密檐式塔，三塔同在一块宽阔的广场上，略成正三角形鼎足而立，彼此相距约 70 米。这两座副塔大约建于北宋初年的大理国时期，比主塔略晚。两座副塔的外形、构造基本上相同，都是八角形、中空的十层密檐塔，塔

高约 40 米。塔身上塑砌莲花、斗拱平座，还有形式繁多的
塔形龛和团莲、倚柱等，外观轻盈华丽，与不施雕饰的主塔
形成对比。更令人惊奇的是这两座宝塔相对而倾，南塔偏向
西北，塔尖偏离底层中心 93 厘米；而北塔偏向西南，塔尖偏

离中心 90 厘米，好像是拱卫在主帅身后侧的仪仗。据记载，在四百多年前，已有人发现了这一奇特现象，并做了"旁二塔如翼内向"的记录，因此这很可能是建塔之初，故意设计安排的。

崇圣寺三塔

　　三塔建成千余年来，饱经风霜，经受了多次地震。特别是明正德九年（1514 年）大地震，千寻塔"裂二尺许，形如破竹"，结果后来竟"旬日复合"，奇迹般地合拢了。这三塔和当年崇圣寺的雨铜观音、建极大钟同为洱海之滨的宝物，徐霞客滇游日记中有过记载，那"万古云霄三塔影，诸天风雨一楼钟"的景色也一直为当地人所自豪。

　　唐朝以后，密檐塔在宋统治的南部地区几乎不再修建了，而在北方的辽、金领土上却进入了一个更为繁荣的阶段，也许是契丹、女真人更能欣赏这种富于异域情调的造型罢。这时建造的密檐塔大多数是八角形，实心而不能登临。另外，塔身的装饰性也增强了，往往每面都有砖刻的门窗、佛像和其他结构形式，塔身下面也衬着雕有仰莲、覆莲、佛龛、栏杆等线条繁复的基座。上部的各层密檐下也有烦琐的雕刻。这种刻画过分的细部装饰有时反倒冲淡了塔身整体形象的韵味，但却使密檐式塔达到了繁复华丽的高峰。留至今日的通州燃灯塔、辽宁朝阳凤凰山大塔、宁城白塔、辽阳白塔、锦州塔等都属这一类，其中最有代表性的是北京天宁寺塔。

　　天宁寺塔是一座典型的辽代密檐式佛塔，平面八角，砖砌十三层实心密檐塔，总高 57.8 米。塔最下部为须弥座，座上是带有斗拱勾栏的平座和两层仰向上的莲花瓣，承托着塔身。塔身四面设有拱券假门。门旁浮雕有形象生动的金刚力士、菩萨、云龙等纹饰图案，塔身上是层层密檐，出檐均不远；檐下设有斗拱，每边中间两朵，边上为转角斗拱，不露塔身。整座塔形丰满有力、挺拔壮丽。

从立面上看，天宁寺塔各部分的比例极为匀称协调，在

天宁寺塔

垂直方向上形成一种看得见的美妙韵律。梁思成教授曾以它为例来阐述建筑艺术的节奏："北京天宁门外天宁寺塔就是一个有趣的例子。由下看上去，最下面是一个扁平的不显著的月台；上面是两层大致同样高的重叠的须弥座；再上去是一周小挑台，专门名词叫平坐；平坐上面是一圈栏杆，栏杆上是一个三层莲瓣座，再上去是塔的本身，高度和两层须弥座大致相等；再上去是十三层檐子；最上是攒尖瓦顶，顶尖就是塔尖的宝珠。按照这个层次和它们高低不同的比例，我们大致（只是大致）可以看到（而不是听到）这样一段节奏。"梁思成先生以艺术家特有的审美力讲出了这座辽塔的节奏美，读者们如果不信，不妨去天宁寺看看。

"窣堵坡"的遗意

造型奇特的大肚子喇嘛白塔是古塔园地中的一朵奇葩，颇为招人喜爱。在佛塔中国化的进程中，印度古塔被缩小，高高放到了塔顶上，成为塔刹的一部分。唯有喇嘛塔仍然基本保留了天竺"窣堵坡"的形姿，很有点异国风味。原先，西藏建造的此类塔较多，到了元代，上层统治者大力推广喇

北京妙应白塔寺

嘛教，元世祖忽必烈曾两次召见西藏喇嘛教萨迦派领袖八思巴，并封他为国师。于是喇嘛寺院和大肚子塔也在内地大量兴建。喇嘛塔的外形同我们前面说的几种塔都不一样，它由三部分组成：塔座、塔身和塔刹。这三段在立面比例中几乎平分秋色，而覆钵或瓶形的塔身又称塔肚子则尤其引人注目。

全国现存最大的喇嘛塔是北京妙应寺白塔。因为有此塔，所以一般北京人也称该寺为白塔寺。它建造于元至元八年（1271年），也就是元世祖忽必烈定国号元的那年。据说，当时在一座辽代建造的旧佛塔内发现了珍贵的"舍利二十粒，青泥小塔二千"以及其他佛器、经文等，于是元世祖认为得到了菩萨保佑，为了感恩就大兴土木，"崇饰"佛塔，在旧塔原址上建起了规模巨大的喇嘛塔。塔建完后，又在塔前建了一座宏大的寺院，敕名为"大圣寿万安寺"，这就是妙应寺的前身。当时忽必烈将此塔的设计和建造委托给在京的尼泊尔工艺美术家阿尼哥，尽管尼泊尔是佛祖释迦牟尼的诞生地，阿尼哥谙熟白塔的形制，但元世祖提出了更高的要求，塔要建得"角垂玉杆，阶布石栏，檐挂华箦，身络珠网"。后来阿尼哥在中国工匠的帮助下，果然建起了这座古今没有敌手的佛塔，写下了尼中两国文化交流史上的一段佳话。

按照传统制式，这座白塔也分成三段。塔的台座是两层相重叠的须弥座，座平面为"亞"字形，高9米。台座正中是一个圆形的覆莲瓣座，承托着巨大的塔身。塔身是一个完整的圆形覆钵，亦称作"宝瓶"，钵上肩略宽，形制圆浑稳重。塔身同覆莲相接处，用数条名叫金刚圈的圆形线条过渡。覆钵顶部又有"亞"字形的小须弥座，俗称塔脖子。再上边便是塔刹部分，先是层层向上收杀的十三层棱角线，这就是相轮"十三天"；相轮上的华盖是个圆形金属盘，直径达 9.7 米，周围是铜制镂透的流苏和铃铎；华盖顶上又立着 5 米高的塔形宝顶。全塔总高 50.9 米，全为砖造。塔身和相轮满涂白垩，配上金光闪闪、叮当作响的华盖和宝顶，在蓝天的衬托下，确实予人以一种崇高壮丽的美感。

妙应寺白塔虽然是元代喇嘛塔之最，但它的名声却远不如北海琼华岛上的白塔。这座白塔尽管比较小，只有 35.9 米高，但它雄踞在琼华岛之巅，是北海最突出的建筑物。每个到过北海的人，不管从什么角度，都能看到它那奇特的形姿。北海白塔是清顺治八年（1651 年）在元代广寒殿的旧址上建造的，位于高高的砖石台基上，台基顶部向外挑出做成"亞"字形的须弥座，就是塔座。座上正中另有三层逐渐收小的圆坛，而上大下小的覆钵形塔身就坐落在圆坛上。塔身正南有一个佛龛，内刻有藏文咒语。塔身上的"亞"字形塔脖子比相轮还要细，十三天相轮形制也较细长。上面为两层铜制华盖，边缘悬钟十四个，顶上为鎏金火焰宝珠塔刹。

最为别致的是在白塔台座正前方，还按传统做法建筑了

北海白塔

一座红色的高台，台面四周围以汉白玉栏杆，正中建有一座重檐方亭，下檐是黄色方檐，上顶则是蓝色攒尖顶，鎏金亭顶正好位于塔身佛龛的正南方。这一前一后、一大一小两座高台，以及风格完全不同的藏式白塔和宫殿式小亭，形成了极强烈的对比，使每个见到的人都为之惊叹。这一大胆的反衬对比手法，在古建筑艺术中是很少见的，堪称巧思奇构的大手笔。

因慕北海白塔之名而仿建，最后自己也成为一处著名的

名胜风景，这就是扬州瘦西湖莲性寺小白塔。小白塔是乾隆年间所建，当时扬州绅商为了奉迎乾隆皇帝巡游江南，在瘦西湖一带造园筑亭，直达平山堂，致使"两堤花柳全依水，一路楼台直到山"。小白塔后来被题为"白塔晴云"而成为瘦西湖的名景。

当时扬州还流传着一夜造塔的故事，并被记述了下来。据《清代述异》记述，一次乾隆南巡到扬州，由扬州盐商纲总经办一切接待工作。"一日帝幸大虹园，至一处，顾左

瘦西湖白塔

右曰：'此处颇似北海之琼岛春阴，惜无喇嘛塔耳。'纲总闻之，亟以万金贿帝左右，请图塔状，盖南人未曾见也。既得图，乃鸠工庀材，一夜而成。次日帝又幸园，见塔巍然，大异之，以为伪也。即之，果砖石成者。询问其故，叹曰：'盐商之财力伟哉。'"一夜造塔，当然是夸大其词，但小白塔以北海白塔为蓝本而建，恐怕是真的。当然，与北海白塔相比，小白塔已失去了皇家园林建筑那种雍容华贵的气势，那塔座下围以栏板的高台、那颀长的塔身以及苗条的十三天相轮，都具有一种秀丽的美，为周围的园林景色添上了迷人的一笔。

西藏是藏传佛教的故乡，那里寺多塔也多，各大寺庙中不乏各种形式、大小的喇嘛塔。而其中最雄大、最奇巧的就是被称为群塔之王的班根曲得塔。班根曲得塔又名白居寺菩提塔或八角塔，它巍然屹立在西藏江孜白居寺的中心（当地藏民称之为班根曲得），是江孜古城的重要标志。

白居寺菩提塔

据西藏古籍记载，塔是明永乐十二年（1414年），由一位名叫布顿的匠师设计建造的。由于它的形制独特，规模巨大，一直造了十年才全部完工。菩提塔的基本构思仍然按照元、明时塔的一般形制，分成塔座、塔瓶、塔顶三大部分。但布顿最奇妙的意念在于他将这座塔作为一座内部空间可以使用的建筑来设计，从塔座、塔身到相轮，全部辟作大小不同的房间。换句话说，这座大喇嘛塔也是一座从下渐渐往上收小的藏式碉楼的外部形象。被称为海内第一的北京妙应寺白塔与之相比，也只是个小弟弟。佛塔占地甚广，它的基座四面各向内折两角，俗称四面八角，也即"亞"字形平面，东西长50米，南北宽40余米，基座占地达2200平方米。塔座分为四层，逐渐向内收小、层叠而上。塔身部分为一直径达20米的圆柱体。十三相轮保留了元代的风格，比较粗壮。上面置一个宽大的华盖，华盖上又置一小塔作为宝顶收头。在艺术处理上，菩提塔采用了许多西藏传统的装饰手法。如塔座每层顶部都镶有深色的饰带，覆钵很类似圆形的帐篷，相轮下的两层小基座有点像"亞"字形的碉房等，具有鲜明的民族特色。

最引人注意的是塔内部的空间划分。最底下的两层塔座每层设有二十间塔室，第三、第四层塔座各有塔室十六间，第五层塔肚内设有佛殿四间；塔身上的托座、相轮和华盖部分共有四层，因面积小没有分室。一座佛塔内竟安排了七八十间塔室殿堂，实在妙不可言，难怪人们要说"寺在塔中藏"了。在菩提塔内的每间佛堂中均置有佛像，四壁也绘有佛像，据说共有佛像千余种、十万多尊。所以人们又将班根曲得塔称作"十万佛塔"。塔中第四层佛殿内画有西藏佛教各派的祖师像，是研究西藏佛教史的重要资料。整座塔造型曲折多变，形象既华丽又庄重，的确是我国建筑史上独一无二的艺术珍品。

昭关石塔

喇嘛塔还有许多不同的形式，有的将塔座建得很高，上面的塔身也拉长成一高瓶形。像前面说的承德普宁寺大乘阁四周，及普乐寺旭光阁四周就立

有许多这样的台塔。还有的做成塔门的形式，即塔的下部以门洞的形式横跨在街道两侧或置于寺院内的走道上。像镇江市内的昭关石塔，就是建于元末明初的过街喇嘛塔。在街道两侧用块石垒砌四根石柱，柱顶满铺条石，组成一个框架式的架空。高台座，底下可通车马行人。座上再筑塔，塔的基座、塔身及塔顶全用青石雕刻而成，高 4.69 米。因塔身如瓶状，又称瓶塔。

门塔的构思，很带有点"普度众生"的佛教意味。也就

居庸关云台

是说，塔下车来人往，每经过一次，不必焚香膜拜，就是礼佛一次。只要人走过了这座门塔，就算是皈依佛乘，可以顿悟成佛了。元朝时，这种过街门塔的风气曾经盛行一时。如元至正二年（1342 年）建造的居庸关塔就是门塔。塔飞跨在出入关的大道上，每天"普受法施"的行人确实数量不少。现在被称作云台的重要文物，其实就是这座门塔的基座，可惜台上的喇嘛塔已毁。云台东西长 26.84 米，南北深 17.57 米，全部用大理石砌成，正中是一个六角形石券门洞，高 6.32 米，宽 7.27 米，可并排行车。券洞内和两侧门楣上留有珍贵的元代雕刻。从这气势非凡的基座，不难推想当年这座门塔瑰丽的身姿。

宝座上的浮屠

金刚宝座塔是另一种异域风味很浓的佛塔形式，在高高的台座上有序地排列着五座指向青天的小塔，只就其形象特征来看，也是强烈的、刺激的，很能动人心魄。这种塔在佛教上归属于密宗，具有很强的象征意义。就像前边谈到的曼陀罗一样，它的五塔象征着佛教须弥山五行，也代表五方佛，和佛教的宇宙组成有直接关系。金刚宝座塔的形式直接仿自印度菩提伽耶城的佛陀伽耶塔。这座塔是佛祖释迦牟尼悟道成佛处的纪念塔，其形式是在一台座上立着五座方锥形的佛塔，中间塔十分高大，四周四座则很小。据说这五塔是供奉金刚界五部部主佛舍利的，中为大日如来（是最高佛主故塔也最大）；东为阿閦（chù），南为宝生，西为阿弥陀，北为不空成就佛。直到明初，西域番僧班迪达来京向明成祖进贡了这座金刚宝座塔的规式，它才为当时的国人所接受，并于明成化九年（1473年），"诏寺准中印度式，建宝座"。这座皇帝下令建的就是北京大正觉寺金刚宝座塔。

北京大正觉寺金刚塔

　　虽然有了进贡来的图形和规式，但建筑匠师在营造时仍然根据我国的传统，对塔身的造型和细部进行了修正。印度伽耶塔的基座并不很高，中间塔和边上四塔的体量相差极大。正觉寺塔为了强化金刚塔的整体气势，结合我国传统的高台技术，将宝座修得十分高大；又减小了座上五塔体量的差别，中间一座仅比四周的稍大一点。更富有创造性的是在宝座的南部正中，还修建了一座完全中国式的重檐琉璃瓦罩亭，亭壁面全用琉璃瓦贴面，檐口为上圆下方攒尖琉璃瓦顶，这闪亮亮的小亭与后边的五座小石塔正好形成一个强烈的对比。亭的点缀使这座充满着异国情调的巨塔更符合中国传统的审美趣味。此外，塔座上雕的佛像和线脚的图案、刻画的刀法，也均采用了传统的方式，使塔的整体形象表现出印度和中国两种佛教文化相互融合的鲜明特性。

　　佛塔的宝座是一个高台，内用砖砌，外边砌石，高7.7米，共分为六层，最下一层是须弥座，其上座身分作五层，每层刻一排佛龛，龛内各刻有佛坐像一尊。龛与龛之间有瓶形间柱，柱上有斗拱承托出挑很浅的檐口，檐上刻有椽子、勾头、滴水等木结构部件。宝座的南北正中辟券门，门内有石阶梯，沿梯盘旋而上可达宝座顶部，阶梯出口处即是正南向的那座琉璃罩亭。座顶是一处宽大的平台，南北长 18.1 米，东西宽 15.2 米。在琉璃亭后见方的台面上，立着五座方形密檐式小塔：中央大塔十三层，高 8 米多；四角小塔均为十一层，高约 7 米。各座塔均由上千块预先凿刻加工好的石块拼装而成，造型精美别致，塔身上密布着佛教题材的石刻。正觉寺金刚宝座塔的比例匀称、气派非凡，给人以坚实而不可动摇的印象，是我国金刚宝座塔中的早期代表作。

北京西郊香山东麓的碧云寺历来是京郊的瑰丽大刹，明

碧云寺金刚塔

人王汝骧曾有诗曰："西山台殿数百十，侈丽无过碧云寺。"清高宗乾隆十三年（1748年），又在寺内的最高处，建了一座通体洁白、雕镂细巧、气派豪华的金刚宝座塔，对于原本侈丽宏伟的寺院来说，更是锦上添花了。与正觉寺的金刚宝座塔相比，碧云寺的塔中国味更浓，它的布局、造型糅进了更多的传统意味，作为香山静宜园东边的对景，这座塔也更有着皇家建筑的华贵和气势。

金刚塔位于寺院中轴线的最后一进院落内，为了渲染庄重、严肃的气氛，在塔前加了两座门坊。前一座是四柱出头的白石牌坊，面阔达34米，遍体满布浮雕。后一座为寺庙山门形的牌坊，门前两侧还置建了平面八角形、重檐攒尖顶的碑亭，将塔作为建筑群的中心拱卫起来，这正是我国古代坛庙建筑的习惯手法。佛塔的宝座利用地势建在两层极高大的台基上，第一层台基正面有石阶直上，第二层则分南北两侧横上，台基总高10米。宝座本身为汉白玉造，砌成须弥座形状，高6米余。座上雕刻的天王、牛头等已是中国寺院中常见的了，座顶白玉栏杆望柱下，还有排水用的象鼻。宝座顶上，除了五座造型更轻巧的金刚塔外，在前方正中央还建了一座小方石台，台上按金刚塔的布置方法放了一大四小五座藏式喇嘛塔。台两侧稍前，又有两座喇嘛塔拱卫左右。因此，在这座塔的金刚宝座上，共有大小十二座塔参差排列着，轮廓极为丰富，而且全为汉白玉雕镂而成，非常高贵华丽，具有很强的装饰意味。

要说碧云寺的金刚宝座塔还基本保留了当年班迪达进贡来的佛陀伽耶塔的形制，那么北京西黄寺的清净化城塔则完全是另外一种面貌了。

北京西黄寺清净化城塔

西黄寺是清政府为笼络西藏上层宗教领袖而建的。顺治九年（1652年），在清皇帝的邀请下，西藏六世班禅来京，为了欢迎他并作为在京的驻锡之地，便造了这座喇嘛庙。到了乾隆四十五年（1780年），六世班禅赴承德避暑山庄参加乾隆帝七十大寿的庆典活动，结束后欲返藏时不幸染上天花，结果就住在西黄寺直到圆寂。两年后，送他的舍利金龛回藏。作为纪念，乾隆皇帝令建一座衣冠石塔，便是清净化城塔。此塔的金刚宝座不高，只 3 米余，塔台平面也由方变为"亞"字形，四角均向内收两折，四周围以白石栏杆。在塔台的正南正北，各建了一座传统的四柱三间牌坊，作为佛塔的前引和后接之门。在塔座四角，各立着一座八角形的经幢来拱卫中间的大塔。大塔是典型的清代喇嘛塔，形体比较瘦长。塔座是八角形须弥座，座上又有一个"亞"字形的塔座承托着覆钵式的塔身，塔身正面有一个佛龛，内雕三世佛。塔身上另有折角小座承托十三天相轮、莲花和宝珠。整座塔全为白玉石砌成，此塔雕刻不多，但是以多变的体形、创新的布局塑造出华丽而又庄重的建筑风格。

祖国南疆云南西双版纳一带，是傣族居住的地方。傣族也笃信佛教，建有许多佛塔，最有名的是景洪曼飞龙寨后山上的曼飞龙群塔。和正规的金刚宝座塔不同，这座塔由九塔组成。塔基为高约 2 米的梅花瓣形须弥座，正八边形，周长42.6 米。在八个正方向上，塔座向上突起，形成高拱形的佛龛，内供佛像。座上八个小塔分列八角，高 9.1 米，围着中间高 16.29 米的大塔。九座佛塔均为多层葫芦形，与泰国等

曼飞龙群塔

地流行的小乘教佛塔属于同一类型。塔身洁白，当地称作白塔。又因为座上塔尖拔起，形如雨后长出的笋尖一般，故傣语又称"塔诺"，意为"笋塔"。八座小塔顶上，各挂有一具铜佛标，母塔尖上还装有铜制的"天笛"，山风一吹，发出叮叮当当的响声，和着秀丽、圆润的塔形，衬以绿绿的橡胶树林，十分和谐优美。

内地也有像曼飞龙塔那样九座佛塔集聚在一起的"塔群"，

只不过要小得多，这就是山东济南市南郊灵鹫山九塔寺的九顶塔。塔始建于唐代，是一座小型的单层八角亭阁式塔。塔身用水磨砖对缝砌筑，叠涩砖挑檐十七层，顶上又收进十六层，形成一个八角形平座，座上每个角各建一座高 2.8 米的方形三层檐小塔，正中又建同样形式但高 5.3 米的方塔。形成八角塔亭上布列九座小塔的特殊造型。古人称之"一茎上而顶九各出，构缔诡巧，他寺所未有"，堪称佛塔中的一绝。

佛塔形象高耸、变化无穷，具有很强的宗教和审美的感

济南九顶塔

染力。所以自宋代以后，非佛教的塔也出现了，如道教的魇胜塔、文峰塔等。伊斯兰教传入我国后，还出现了形姿独特的光塔，像广州怀圣寺光塔、吐鲁番的额敏塔等，都是不同风格的伊斯兰塔式建筑。它们和佛塔一起，将我国的古塔园地点缀得更加灿烂。